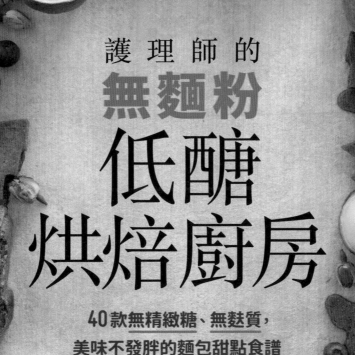

護理師的
無麵粉
低醣
烘焙廚房

40款無精緻糖、無麩質，
美味不發胖的麵包甜點食譜

|酮話|
人妻護理師料理廚房
郭錦珊────著

振興醫院營養師
林孟瑜────營養成分審訂

來自日本低醣社團的真摯推薦

Masaya Shinagawa

目前日本最大推廣低醣飲食的臉書社團——「糖質制限」，是由「MS Network Group Community」負責管理、營運與企劃，筆者為社團管理員之一。我們社團設立於 2014 年 4 月，主要理念為「以最大公約數整合大家，以彼此的共通點來深化情誼，並達到良好循環」。

當初成立時只有一千人左右，現在已有一萬八千名成員，此外還有以斷糖料理（注）與外食情報為主的附屬社團，以及「肉類」、「椰子油」、「阿德勒心理學」等多采多姿的主題，而且都成為日本最大的社團，總共有一百個左右的社團、總人數大約有十四萬人。

我們的成員包括了食品廠商、流通業界、料理人、醫療健康業界等各行各業在第一線活躍的專業人士乃至一般人，我們以推廣限糖理念為目標，積極的在網路社團上活動著。

另外，「糖質制限」社團裡還有兩千多名來自台灣、馬來西亞等各國成員。我們以「Beyond the Border」為營運策略，透過限糖的共同觀念，推行跨越文化圈的國際交流。

在全世界，攝取過多的糖類導致肥胖的議題，愈來愈受到嚴格的檢視。在這樣的情況下，2015 年 3 月，世界衛生組織（WHO）的概

注：「糖」指的是人工添加的精緻糖類；「醣」則為蔬菜、水果等天然原型食材裡的成分，我們無法完全「斷醣」，但可以盡可能的「斷糖」、「限糖」（捨棄精緻糖類）。

日本越來越多的食品外包裝，清楚標示了糖質含量。

要說明書（Fact Sheet）之中表示，將游離糖的攝取量限制在總攝取卡路里的 10% 以下，是健康飲食的一個重要環節，如果希望更加增進健康，則推薦將之削減至總攝取卡路里的 5% 以下。除此之外，關於探討糖類對於人體的不良影響，在媒體報導與各國的醫學研究等，都熱烈且頻繁的進行著。

日本國內比起台灣，在於斷糖的普及度更為進步。一般而言，拉麵、麵包、甜品、真空包裝食品、瓶裝罐裝飲料等商品的糖量是非常的高，然而這些種類的食品之中，斷糖的選項也漸漸愈來愈多了。在這樣子的情況之下，最近日本在食品的外包裝標示，也變得不再只是標示碳水化合物（糖＋膳食纖維），而是改成明確標示可利用碳水化合物的醣量，消費者也可以一目瞭然的了解自己攝取了多少的醣質。

近年在一般超市、便利商店也可以看見斷糖食品的特設專櫃，有低醣菜單可供點餐的餐廳也不斷地在增加，可以讓人實際的感受到限醣選項是急速的在擴大增加。

另外，在醫界之中，北里大學北里研究所醫院糖尿病中心主任——山田悟醫師，藉由其《平穩的限醣手冊》（直譯）等等著作，對醫療從事者啟發了可以兼具美味與健康的限醣餐，提供了可持之以恆的幸福飲食法，並讓食品廠商、流通業界、料理人等專業人士了解其意義與方法，積極的推廣相關活動。

日本的高雄醫院之理事長——江部康二醫師，也因為從事糖尿病治療之研究，透過醫院裡大量的病例，證明了限醣飲食對於糖尿病、肥胖、生活習慣病以及過敏等，具有劃時代的治療效果。他藉由出版許多的暢銷書籍，積極從事這方面的推廣。

以機能性醫學為根基，培養生酮飲食顧問為目的的「日本功能飲

日本超商、超市裡販售的許多
食品，紛紛強調低糖質。
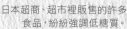

許多餐廳也推出了
低醣菜單。

食協會」（Japan Functional Diet Association）也是如此。這是由經常出現在電視等各大媒體上的理事長——白澤卓二醫師、副理事長——齋藤糧三醫師所設立的。這些藉由飲食來讓日本國民變健康的推廣活動正在不斷的加速之中。

在這樣子的情況下，我想向正在限醣與以後想要限醣的朋友們，強烈推薦這本食譜，本書「完全不使用小麥粉、糖」，可達到低醣、限糖與低 GI 的效果。在每一篇食譜裡，都附有測試者的血糖實測資料以供參考。

無論是否為糖尿病患者，都能夠透過健康的飲食來變得幸福，我覺得這是這本書最美好之處。我忍不住祈禱，希望藉由本書能夠有大量的限醣飲食得到導入與實踐，讓更多人可以實現健康又幸福的生活。

日本 Facebook 相關社團（部分）

1. 限糖社團（日文：糖質制限）
   https://www.facebook.com/groups/lchpjp

2. 限糖料理（日文：糖質制限クッキング）
   https://www.facebook.com/groups/
   lchfrecipe

3. 限糖減肥（日文：糖質制限ダイエット）
   https://www.facebook.com/groups/lchfjp

4. 限糖餐廳導覽
   （日文：糖質制限レストランガイド）
   https://www.facebook.com/groups/
   lchfgourmet

5. 限糖甜點（日文：糖質制限スイーツ）
   https://www.facebook.com/groups/
   lchfsweets

6. 肉（日文：肉）
   https://www.facebook.com/groups/MeatJp

7. 椰子油（日文：ココナッツオイル）
   https://www.facebook.com/groups/cnojp

8. 斷糖（日文：糖質オフ）
   https://www.facebook.com/groups/sugerless

9. 溫和限糖（日文：ゆるやかな糖質制限）
   https://www.facebook.com/groups/
   lchfjpsemiketo

10. 斷糖肉食減肥經驗談
    （日文：糖肉食ダイエット体談）
    https://www.facebook.com/groups/
    howtoquitsugerp

「日本 MS 糖質限制社團群組」主辦　**品川雅也**

低醣烘焙，實踐不被糖癮控制的生活

我從小就很愛吃鳳梨酥，每次都可以吃下一大盒。在大學的時候，因為家人學習烘焙，我自己也跟著做了一些簡單的烘焙點心，像是戚風蛋糕、菠蘿麵包，等到自己學習製作做鳳梨酥，才發現鳳梨酥是用鳳梨醬料拌入等量的奶油，邊攪拌邊覺得可怕（只是當初怕的是奶油，不是糖，完全搞錯方向了）。後來發現自己因為吃了太多麵包，越吃越胖，就不敢再做了，結束了短暫的烘焙生涯。

其實，大家在日常飲食中，攝取太多糖分了。原本糖分是水果成熟的象徵，水果在還沒有成熟的時候，在熟成的過程中，澱粉被酵素分解成糖，水分增加，同時果實變得鬆軟好吃，成為動物方便攝取的營養來源，這是大自然的規律。但是自從食品工業大量的從甘蔗精煉砂糖出來以後，糖變成了提升食物美味捷徑，什麼東西加了糖，就變得好吃，因為會讓人上癮。

Dr. Robert Lustig 在「吃不吃糖：為什麼我們要在乎」的專訪中（注），直接說明糖是有毒的，糖分對於兒童的傷害，就跟大人喝酒是一樣的，不僅造成肝臟的負擔，對腦部發育也是有非常大的危害。我們不會讓小朋友喝酒，但是我們居然讓小朋友吃糖作為獎勵，這是非常錯誤的，而我們的社會卻默許這件事。

如今生酮飲食受到重視，太多人透過生酮飲食找回健康，獲得前所未有的活力，也讓大家對「糖」重新思考，也許我們不該讓自己上癮，不要被食品工業控制住。許多原本無糖不歡的酮學，開始了生酮飲食後，糖癮居然也跟著消失了。取而代之是全新的領域，吃得健康開心的低醣甜點。

錦珊在推動低醣甜點不遺餘力，每次設計出新的食譜，都會給酮好的版主們試吃，尋求我們的意見，而我們也都成為她的粉絲。我自己的孩子也非常喜歡錦珊的低醣甜點，吃過了以後，自然就不喜歡吃一般市售的甜點。這本食譜書一定會帶給全家人完全不同的飲食體驗，讓大家邁向更健康的低醣及生酮飲食生活。

「酮好」創辦人

注：https://www.youtube.com/watch?v=_XcNhdoeknc&feature=youtu.be

目 錄

Part 1 開始擁抱低醣甜點
—— 無醣無糖，健康新概念

Part 2 麵包糕點
—— 早餐新選擇，帶來美味與飽足感

讓吃下的每一口甜點，
都充滿健康安心

　　進入低醣及生酮的世界，一開始只是為了想瘦身，但一頭栽入後，越來越清楚「糖」及「精緻澱粉」對於身體會造成多大的危害與負擔。即使如此，我和許多人一樣，仍舊無法全然捨棄市售甜點，因此我這個烘焙門外漢，開始研究製作不會造成血糖震盪、對身體無負擔的無麵粉無麩質甜點。

　　接觸低醣及生酮飲食之後，才知道「營養比例攝取」的重要性，優質的油品和良好的食材是健康的根本，只有學會「擇食」才能找回健康。在我成功執行並感受到低醣的好處後，開始寫下這本低醣烘焙書籍，希望可以將自行摸索而出的經驗與對健康的專業分享給更多人。

　　低醣烘焙產品與市面上的一般烘焙，有著很大的不同。低醣烘焙完全不使用麵粉與精緻糖，要製作出一份優質的低醣甜點，除了要將碳水化合物的分量列入考量外，還有食材本身的升糖指數，也需要特別留意。

　　在研發過程中，遭遇許多困難，大部分是因為難以掌控原物料的特性，因為所有產品皆未使用麵粉或米粉，少了其筋性和發酵性，加上嚴格篩選原物料的受限下，每每要開發出一種符合自我期許的產品，其實都是歷經無數次的失敗，並不斷的修正、改良比例以及調整工法，最後才能成功上架。

　　現代人比較有追求健康的觀念，因此產生了許多新興飲食方式，從均衡飲食到低醣飲食、低 GI 飲食、生酮飲食、得舒飲食、地中海飲食、根治飲食、阿金飲食、防彈飲食等等，我花了很久的時間研究

配方比例，也測了無數次的血糖，終於開發出能夠符合各類飲食法的烘焙食譜，讓大家都能滿足口慾解饞，又能吃得健康、開心。

這本書公開了我的販售配方，完全不含精緻糖、蔗糖、椰糖、蜂蜜等會使血糖上升的糖類，使用的水果類別也有限制，並且避免使用反式脂肪的油脂。雖然目前市面上的低醣及生酮烘焙甜點，並沒有明確的標準，但我的食譜中每一食用分量的淨碳水含量皆控制在 5 公克以內，並透過食用前後的血糖實際測試，除了讓大家認識低醣烘焙，對於需要控制血糖的朋友，也可以安心食用。此外，希望除了推廣低醣相關資訊，更讓大家知道選擇好食材、用對好方法，也可以吃得開心又健康！

本書要感謝「酮好」社團創辦人撒景賢及社團管理員賴宇彬、蕭雅予、徐敏倚，給予許多寶貴的建議與回饋；感謝謝旺穎醫師、夫人及醫護團隊，協助書中大部分的血糖測試。最後，想感謝我的老公和孩子們，因為他們的配合及支持，讓我可以慢慢建構出屬於「酮話」的拼圖，老公甚至覺得這是一份可以助人找到健康的事業，放棄了自身外務，選擇陪我一起創業，真的非常感謝他的付出，用實際行動投入與支持。當然，還要感謝一起進行低醣及生酮飲食的朋友們，一路上有你，我們並不孤單。

戒醣戒糖，精神變好了、體重變輕了！

　　和很多人一樣，從學生時期我就一直在減肥，幾乎每天都會量一次體重（有時一天還不只量一次），只在意體重機上的數字，卻不曾在意吃進去的東西。

少吃就會瘦！卻瘦出一身問題

　　也許在朋友眼中，我並不是個胖到非得要嚴格進行控制體重的人，但對一名少女而言，永遠覺得自己不夠纖細，除了瘦還要更瘦。年輕的時候，少吃一餐，看著體重機上的數字往下掉，心情就會往上升，至於少掉的是水分還是脂肪，因為沒有概念，所以也不會在意。

　　褪去學生身分、進入職場後，如同大家想像，護理師是個忙碌不已的工作，面對飛快的生活節奏，常常一餐就是一塊麵包或一碗麵，只求快速止飢顧不得營養是否均衡；心情煩悶時，再來杯珍奶配蛋糕，心靈得到慰藉了，肥肉也上身了。

　　這時候只要一發現體重上升了，就和以往一樣，開始克制食欲盡可能少吃以達到瘦身目的，結果就是餐餐餓肚子、精神不濟，雖然體重也順利下降至 45kg，但氣色及身體狀況不佳，感冒更是常有的事。

胖胖瘦瘦的不穩定時期，常常水腫、感冒。

雖然瘦到兩頰凹陷，氣色卻很差。

產後難瘦，開始進行飲食改變

　　每個人的體質、遺傳基因不同，我的家族成員體型大多為中廣型，飲食習慣偏愛精緻澱粉，且有糖尿病遺傳史，所以多囊性卵巢囊腫、血糖問題、肥胖問題一直存在家族中。我雖然是家族中極少數體重較為標準者，但在懷孕前一直受多囊體質困擾，經期不正常、水腫、體毛多、體重增加、憂鬱等問題，一直循環在生活中，我開始思考著是否有改變的可能……。

　　生完第一胎後，當時體重大約是 65 公斤、體脂肪 33，飲食沒有特別控制與調整，慢慢瘦下來到 50 公斤。生完第二胎後，體重一樣到達 65 公斤，但瘦到 55 公斤後卻卡關了，就算少吃體重卻一動也不動，加上當時非常愛喝奶茶、麵包，體脂肪來到 35，更是非常頑固的難以撼動。

　　當時無意間在網路上看到了低醣及生酮飲食的資訊，讓我產生好奇與興趣，於是重拾念書時認真研究的精神，想要更加全面完整的了解這個飲食法，開始蒐集大量資訊、看書、翻閱醫學期刊，還翻出了以前的生理學課本，瞭解生理機能、代謝、身體運作等等。

生完第一胎後，慢慢恢復到小姐身材了。

生完第二胎後，體重一直降不下來，讓我陷入沮喪。

11

戒不掉精緻蛋糕，就自己研發低醣甜點

看了好一陣子的資料後，我也開始身體力行低醣及生酮飲食。在這期間慢慢的改變了以往過度依賴精緻澱粉的習慣，不再把麵包、蛋糕、甜點大口大口的往嘴裡送，而是有意識的將飲食方式改以原型食物為主。

實踐低醣及生酮飲食需要減少碳水化合物的攝取量，一般的蛋糕、甜點必須完全忌口，許多人最終會希望自己能夠完全斷離點心類食物，不過老實說對我而言，與其要我完全戒斷，更希望可以更健康放心的吃！在調整飲食的過程中，需要找到身心靈的平衡，過與不及都會造成傷害或是無法持之以恆。

當你知道「糖」對身體的危害，但又無法完全斷絕甜點的甜蜜誘惑、市面上又買不到讓人安心的點心時該怎麼辦？我只好自己動手做了，在此之前，我完全是烘焙新手，白天還得照顧兩個小傢伙，只能利用他們睡覺時間才有辦法脫身，上網研究食譜、材料，進廚房不斷試做。

無麵粉、無精緻糖的美味低醣甜點

低醣點心和一般甜點最大不同在於使用的材料，一般的甜點主要是以麵粉、精緻糖粉製作而成，碳水化合物的含量高，升糖指數也高。而低醣甜點以亞麻仁籽粉、奇亞籽粉、椰子細粉、杏仁粉等取代有筋性的麵粉，加上較無負擔的優質代糖，例如羅漢果糖、赤藻糖醇等取代精緻糖類與白糖，不易造成血糖大幅震盪。

配方方面，雖然網路上有許多國外成功研發的食譜，但試做試吃後都不如預期，花了很多時間嘗試比例，才調配出自己覺得最好吃的口味與口感。剛開始只是為了滿足自己的口腹之欲，進而分享給身邊的親朋好友，沒想到意外獲得好評，在家人的鼓勵與支持下，成立了「酮話」粉絲團及社團，投入低醣烘焙的事業，希望能讓更多的人可以吃到安心的甜點。

成立不到一年的時間，常常一個人在廚房小天地裡忙得不可開交，要自己接訂單、製作、回覆問題、出貨等等，還得兼顧好媽媽、

現在的生活和以前從事護理工作
時一樣忙碌,但每天都充滿能量。

成為兩個孩子的媽後,大家都
說我變得更年輕有活力了!

妻子的角色,但我卻是每天都充滿活力、神采奕奕,身形體態也維持
的比生產前更好,我想這是低醣飲食方式帶給我最大的好處與改變,
可以做更多想做的事情。

網友的回饋是堅持的動力

曾經有一位 70 多歲的伯伯一次訂購了所有品項的產品,我當時
覺得很訝異,詢問之下才得知,他是要買給 90 多歲的母親吃的,因
為她母親很愛吃甜點,但因為患有糖尿病需要進行飲食控制,很感謝
我的甜點,讓她的母親可以放心的享用。

另外一個客戶則是有妊娠糖尿病,原本早上空腹血糖 200 mg/
dl,我請她戒掉吃米食、麵條、麵包等精緻澱粉的習慣,每天吃大量
的蔬菜與足夠的蛋白質,偶爾想吃主食時就用我做的無麵粉偽吐司搭
配,過沒幾天,她很開心的傳訊息告訴我,她早上空腹血糖降至 160
mg/dl 了!還有很多的回饋案例,都是我最大的成就來源,也正是我
當初創業的初衷。

我的故事,也許不是那麼高潮迭起,我只是和許多女生一樣愛漂
亮、愛享用美食,還希望結了婚、生了小孩,一樣都可以活得美麗、
活得自信,我改變了飲食方式,成就了更美好、更健康的自己。

Part 1

開始擁抱低醣甜點

—— 無醣無糖，健康新概念

選擇對的食材，是成功限醣的第一步，

材料怎麼選、哪裡買？

工具該準備哪些才不會手忙腳亂？

不管是否有烘焙經驗與基礎，都可以藉由本章快速入門。

什麼是低醣甜點？

本書的低醣麵包甜點皆不使用麵粉、精緻糖類製作，更為健康，也不會造成血糖大幅振盪。透過下面的比較圖，更能了解低醣甜點與市面一般甜點的不同。

市售甜點

未知的化學添加物
人造鮮奶油、色素、香精、鬆軟劑、防腐劑、乳化劑等等。

麵粉
麵粉本身有麥麩，很多人對麩質過敏且所含的碳水化合物較高。

精緻糖類
一般的精緻糖類甜度高，易導致肥胖，也易造成血糖大幅度振盪。

自製低醣甜點

以赤藻醣醇、羅漢果糖取代精緻糖類，無熱量、不會造成血糖振盪。

以杏仁粉、椰子細粉等粉材取代麵粉，不含麩質、碳水化合物含量低。

使用新鮮奶油、鮮奶油，無添加任何化學添加物，保存期限短，需盡快食用完畢。

本書使用說明

本書收錄了 40 道低醣甜點食譜，清楚標示了製作分量、食用每一份甜點的淨碳水化合物、脂肪、熱量等數值，可以精準控制每日或每餐的營養攝取量。

總克數＆製作分量

標示食譜的製作分量、重量與成品大小。因為甜點類一次製作的分量較大，需注意成品每份的營養標示與食用量。

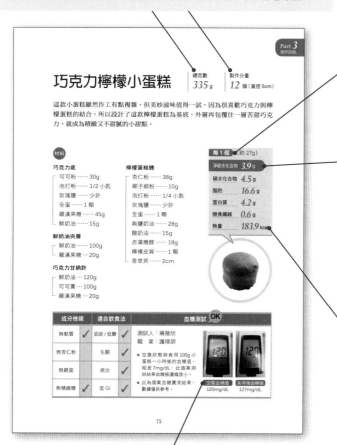

食用分量

標示每一建議食用分量與重量。

淨碳水化合物

碳水化合物－膳食纖維＝淨碳水化合物。本書中 40 道甜點的每一食用分量的淨碳水化合物數值，皆控制在 5g 以下。

熱量

甜點不能作為正餐，千萬不能食用過量，也需留意甜點熱量在一天總熱量的占比。

血糖測試

書中的每道甜點，都經過真人實測，分別測試空腹血糖與食用 100g 低醣點心一小時後的血糖值。

工具介紹

如果是烘焙新手,建議需準備以下基本工具,以利製作。

如果家中已有部分器具,可視需求再進行添購。

量測工具

電子秤

食譜內的粉類計算都以公克數為單位,建議選用可以計算到 0.1 公克的電子秤較為準確。秤重時要扣除容器重量,先將容器放上磅秤,按下歸零鍵或重新啟動,就可以將欲秤重的食材放入。

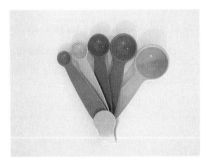

量匙

烘焙用的量匙一組共有五個不同大小,分別代表不同的容量,用於添加少數鹽、糖等小單位。1 大匙= 15ml、1/2 大匙= 7.5ml、1 小匙= 5ml、1/2 小匙= 2.5ml、1/4 小匙= 1.25ml。

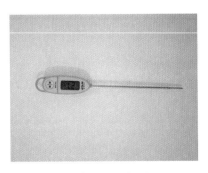

烘焙用溫度計

烘焙用溫度計在測量水溫或融煮巧克力、糖漿時經常使用,測量溫度範圍至少需要在 0 ～ 200℃。

計時器

可以準確的計算每次烘烤及靜置的時間,避免一忙而忘記時間。

手動打蛋器

一般為不鏽鋼材質，用來均勻混和材料，像是粉類材料、牛奶、蛋液等。

電動攪拌器

適合用於液態材料，需要進行打發時，使用電動攪拌器會較為輕鬆，可打發蛋白、鮮奶油或奶油。

刮刀

可以用來拌勻麵糊或刮除鋼盆中剩餘麵糊，通常為耐高溫的矽膠材質。

刷具

用於在表面刷上蛋液、糖霜，在模型裡刷上奶油等等，通常為耐高溫的矽膠材質。

鋼盆

盛裝攪拌乾性材料、濕性材料時需分開。建議至少準備三個不鏽鋼鋼盆，使用起來較為方便。

輔助小工具

分蛋器

分離蛋黃、蛋白時非常好用的小工具，可以選用圖中的類似款，蛋黃比較不容易逃跑。

篩網（孔洞粗））

將食譜中的粉類材料進行過篩，做出來的成品口感會更為細緻喔！

篩網（孔洞細）

尺寸小巧、孔洞較細小的篩網，可以用來過篩糖粉或可可粉，作為甜點表面的裝飾。

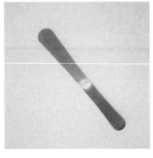

抹刀

用於抹平鮮奶油或其他需要裝飾的地方。

擀麵棍

主要是將麵糰、麵皮擀成適當厚薄之用，通常為木製，使用後必須洗淨並乾燥保存。

三明治袋

可用來放少量需要擠入的內餡，
為單次使用品，使用後即丟棄。

擠花袋

用來放大量需擠入的內餡，使用後
務必反面清洗乾淨，晾乾再保存。

烘烤工具

烘焙紙

可鋪在烤模中防止沾黏或平鋪在
烤盤上。

烤箱內溫度計

可以確保烤箱內溫度是否足夠，
確保甜點的成功機率。

材料準備

想要製作有別於市面上的低酮甜點，材料絕對是關鍵，什麼材料
可以用、什麼不能用，該如何挑選？以下一一說明。

粉類材料

杏仁粉

▲此為帶皮杏仁粉

在不使用麵粉的狀態下，如何製作出美味的低醣
甜點呢？杏仁粉不含麩質、碳水化合物含量低、
具膳食纖維，絕對是最佳的替代粉材。

許多人可能會誤以為杏仁粉就是印象中帶有獨特
濃郁香氣的杏仁茶，其實這是兩種不同的杏仁種
類，烘焙杏仁粉是美國甜杏仁，而帶有獨特味道
的則是南北杏仁。

杏仁粉又分成烘焙杏仁粉、帶皮杏仁粉兩種，各
有優缺點。烘焙杏仁粉（Almond Flour）較好取
得，可至一般烘焙材料店購買馬卡龍專用杏仁粉
即可；而帶皮杏仁粉（Nature Almond Flour，
見左圖）的膳食纖維更高，不過目前台灣較少店
家販售，需上網至 iHERB 網站訂購。

iHERB 網站：https://tw.iherb.com/

黃金亞麻仁籽粉

在本書中，黃金亞麻仁籽粉的使用頻率僅次於杏仁
粉。亞麻仁籽近年來在全球相當受到注目，是超級
穀物（Super Grain）之一，擁有高纖維、豐富的
Omega-3 脂肪酸，不含麩質成分、碳水化合物含
量低等特性，很適合作為低醣甜點的原料。

亞麻仁籽有很多顏色與品種，其中以黃金亞麻仁籽
磨成的粉材較適合作為烘焙材料，做出來的成品口
感與風味較佳。

椰子細粉

本書食譜中，椰子細粉也經常與杏仁粉搭配使用。椰子粉是將椰子果肉進行脫水研磨而成的粉狀材料，質輕、吸水力強的特性，加上富含膳食纖維、蛋白質、好脂肪，很適合取代麵粉作為烘焙材料。

洋車前子粉

「洋車前」是一種草本植物，大多產於印度。含有豐富的膳食纖維，可幫助腸道蠕動。洋車前子粉有很好的吸水能力，可為粉類材料帶來黏性、幫助成糰，可彌補低醣甜點沒有麵粉、缺乏筋性的缺點。因具吸水性，食用具有洋車前子粉的甜點時，一定要搭配大量的水喔！

奇亞籽粉

奇亞籽和亞麻仁籽一樣是「超級穀物」的成員之一，含有豐富的膳食纖維與 Omega-3 脂肪酸。乾燥時和一般種子無異，但一泡水後就會膨脹並產生膠質，口感類似台灣的山粉圓，可為無麵粉的低醣甜點增加黏性。

乳清蛋白粉

乳清蛋白可提供高質量的蛋白質，補充人體肌肉生長的必需氨基酸，是許多運動員或健身者會特別補充的營養品。

書裡的古早味咖啡蛋糕、小泡芙這兩道甜點，添加了少許的乳清蛋白粉，目的是為了取代部分蛋白。

無鋁泡打粉

書中少數甜點會添加少許的泡打粉，讓口感更好，不管選擇何種品牌，最重要的是一定要選擇「無鋁泡打粉」，較為安心。

糖類材料

赤藻糖醇

赤藻糖醇是目前低醣生酮點心中應用最普遍的代糖，其甜度是一般蔗糖的 60 ～ 80%左右，每公克熱量大約只有 0.2 大卡（一般砂糖為 4 大卡）。

赤藻糖醇被人體攝取後，迅速被小腸吸收並快速由尿液排出體外，不經代謝分解，不會在體內組織中有蓄積情形。

羅漢果糖

羅漢果是產於中國的植物，俗稱「神仙果」，大家最為熟悉的是運用在中藥裡，將果實入藥。從羅漢果中抽取出來的甜味素，有著二號砂糖的色澤及香氣，但無熱量、不會造成血糖震盪，糖尿病友也可安心食用，很適合用於低醣甜點。

快速認識「赤藻糖醇」與「羅漢果糖」

　　在這本書中，我用來提甜味的成分只有赤藻糖醇及羅漢果糖，這兩款糖在歐盟、美國、日本等都被普遍推廣，兩種都是標榜零熱量、不升糖，目前大家比較不熟悉，針對兩種代糖幫大家簡單介紹一下。

　　赤藻糖醇存在於水果、菇類及許多發酵製品中，例如酒、醋、味噌等天然醣醇，而赤藻糖醇是透過天然植物發酵取得，發現至今已經100多年。味道除了甜味之外還帶有一些清涼感，有許多研究指出，食用攝取後，能迅速地被小腸吸收並快速由尿液排出體外，不需經過代謝分解過程，不會造成血糖大幅上升之現象，也不會影響胰島素分泌，亦不會在體內組織中有囤積的情形，甜度為一般砂糖的 65%。

　　羅漢果糖的成分為赤藻糖醇、羅漢果萃取物兩者混合，味道接近2 號砂糖的香氣，甜度與一般二號砂糖相同。羅漢果為葫蘆科多年生藤本植物，只有在日夜溫差極大，且紫外線強烈照射的高冷山區下栽培。因為在山區的傾斜地勢無法使用機械，從種苗、授粉到收穫，所有的作業都是以人工進行。

　　羅漢果在東方被作為傳統中藥材廣泛使用，其性涼味甘，具有清熱解暑、抗菌消炎、止咳潤肺等功效（根據「羅漢果藥理活性研究進展，中國醫藥期刊 2010 年文章編號：1006-4931(2010)20-0084-03」），養生保健效果為民眾所認同，更有「永生果」之美譽。也因有著豐富的甜味，近年受到喜愛低熱量食品的消費者的注目。

　　但因羅漢果的種植並不容易，從播種到發芽需費時好幾個月，也因為多數的收成果實味道是苦的，只有少部分可以提供於甜味成分抽出，故成本也相對昂貴。

　　日本北里大學北里研究所醫院糖尿病中心主任，也是日本食樂健康協會代表理事 山田悟醫師監製的甜點商品，都是使用羅漢果糖天然甘味料，1993 年產品在日本發表後至今在歐美及日本被大量廣泛推廣，也成為我現在所使用的產品。

油品＆奶油＆乳酪

鮮奶油

選用優質的鮮奶油，作為蛋糕的裝飾或內餡都非常的美味，打發後還能帶來輕盈綿密的口感。一定要選用動物性鮮奶油喔。

酸奶油

富含豐富乳脂，能提升香氣，有助於烘烤時彈性的提升（發酵過的乳脂，其風味層次更為豐富），使蛋糕體烤色與孔洞更為漂亮。

無鹽奶油

選用質地好、發酵香氣濃厚的草飼奶油，做出來的烘焙成品絕對非常棒！

奶油乳酪

有濃郁的奶香味和微酸的口感，製作乳酪蛋糕時常用此當基底。食譜中的蛋糕有使用到的奶油乳酪皆是不含蔗糖，烘焙的成品可帶出不同於一般蛋糕體的香氣與口感。

其他添加物

可可膏

選用天然純可可膏。100% 純天然可可膏，無添加任何調味，飽含完整天然可可脂，可可脂富含維生素、黃酮、抗氧化物和礦物質，特別是含有大量的可可聚多酚（CMP），而可可脂當中的油酸可降低心臟病風險。

可可脂

可可脂是可可豆仁研磨製成過程中產生的獨特油脂，最大的好處是具有天然抗氧化劑，是穩定且易保存的脂肪，選購時請選擇有標注天然純可可脂（未脫臭）的字樣。

Part 2

麵包糕點

——早餐新選擇，帶來美味與飽足感

柔軟 Q 彈、口感和一般市售麵包極為相像的餐包；

網路人氣款，單吃或抹上奶都極為可口美味的偽吐司，

想念麵包的咀嚼滋味時，本章介紹的偽麵包們，

絕對能滿足所有的「麵包控」的味蕾，放心的大口吃麵包！

鯛魚燒

總克數	製作分量
250 g	*5* 個

相信很多人到日本時經過鯛魚燒小攤，都會被撲鼻而來的香氣所吸引吧！這款鯛魚燒柔軟的外皮裡，還藏有卡士達、抹茶內餡，美味極了！還可以依個人喜好變換不同的內餡風味。

材料

杏仁粉 …… 30g
椰子細粉 …… 8g
泡打粉 …… 1 小匙
全蛋 …… 3 顆
酸奶油 …… 86g
羅漢果糖 …… 25g

卡士達醬

蛋黃 …… 1 顆
羅漢果糖 …… 15g
椰子細粉 …… 2g
鮮奶油 …… 100g
香草莢 …… 5cm

抹茶牛奶醬

鮮奶油 …… 50g
無鹽奶油 …… 50g
赤藻糖醇 …… 60g
椰子細粉 …… 2g
抹茶粉 …… 4g
鮮奶油 …… 50g

每1個 （約50g）	
淨碳水化合物	*2.8* g
碳水化合物	*4.2* g
脂肪	*17.6* g
蛋白質	*7.7* g
膳食纖維	*1.4* g
熱量	*206.5* kcal

每1個 （約50g）	
淨碳水化合物	*2.7* g
碳水化合物	*4.1* g
脂肪	*24.7* g
蛋白質	*7.1* g
膳食纖維	*1.4* g
熱量	*268.6* kcal

卡士達鯛魚燒

抹茶牛奶鯛魚燒

成分檢視		適合飲食法		血糖測試 OK
無麩質	✓	低碳 / 低醣	✓	測試人：林欣怡
無杏仁粉		生酮	✓	職　業：護理師
無雞蛋		根治	✓	● 空腹狀態與食用鯛魚燒後一小時的血糖值，相差 8mg/dL，此個案測試結果血糖振盪幅度小。
無精緻糖	✓	低 GI	✓	● 此為個案血糖實測結果，數據僅供參考。

空腹血糖值 79mg/dL　食用後血糖值 87mg/dL

作法

A 製作卡士達醬

1 取一鋼盆，將蛋黃、羅漢果糖以打
蛋器打成乳霜狀。

2 將椰子細粉過篩後加入蛋黃糊內。

3 準備一個小鍋子，倒入鮮奶油並將
香草籽刮入，連同香草莢一起放入，
以小火煮至約 70℃，離火。

4 將香草籽鮮奶油倒入步驟 2 的蛋黃
糊內，持續攪拌均勻。

5 將步驟 4 的醬料過篩後，再放回
小鍋內以小火一邊攪拌一邊煮至濃
稠，離火。

6 冷卻後放入擠花袋，冷藏保存備用。

B 製作抹醬

7 準備一小鍋子，放入 50g 鮮奶油、
奶油、赤藻糖醇，攪拌至完全溶解。

8 取一鋼盆，加入過篩過的椰子細粉、
抹茶粉，並混合均勻。

9 將 50g 鮮奶油倒入步驟 8 的抹茶粉
內，攪拌均勻。

10 將抹茶糊倒入步驟 7 內，一邊攪拌
一邊以小火煮至濃稠。

11 冷卻後放入擠花袋，冷藏保存備用。

C　製作鯛魚燒

12　取一鋼盆，放入粉類材料（杏仁粉、椰子細粉、泡打粉）混合均勻備用。

13　取另一鋼盆，將雞蛋、酸奶油、羅漢果糖用打蛋器打至滑順無顆粒。

14　將步驟 13 的蛋液倒入步驟 12 的粉類材料中攪拌均勻，麵糊即完成了。

15　將鯛魚燒模具放至瓦斯爐上，在模具內均勻刷上奶油。

　　Tips　可以選用其他可直接在爐火上烘烤的模具，或是鬆餅機等等。

16　將麵糊倒入模具中，稍微搖晃一下，讓每個地方都能布滿麵糊。

17　擠入卡士達醬或抹茶牛奶醬，以小火烤 1 分鐘，蓋上蓋子再烘烤 10 分鐘至表面呈金黃色澤即可脫模。

這樣吃最好吃

1. 剛烤好的鯛魚燒比較濕軟，建議放於室溫或以電風扇吹涼後，口感最好。

2. 烘焙成品無添加防腐劑，若吃不完建議放於密封袋再放入冰箱冷藏，約可保存 2 天，並盡快食用完畢。

3. 從冰箱取出食用時，放入烤箱以 100℃加熱 5 分鐘，口感約可回復八成。

COLUMN

總克數	製作分量
315 g	*1* 條吐司（約 14.5×5×7cm）

糖霜磅蛋糕

這款磅蛋糕雖然沒有添加蜂蜜，但卻帶有蜂蜜蛋糕的香氣，質樸的溫潤滋味，加上頂部的糖霜，品嘗每一口都有滿滿的感動。

材料

杏仁粉 …… 56g
椰子細粉 …… 14g
泡打粉 …… 1/4 小匙
海鹽 …… 少許
奶油乳酪 …… 57g
無鹽奶油 …… 25g
赤藻糖醇 …… 35g
鮮奶油 …… 28g

全蛋 …… 2 顆
檸檬汁 …… 1/4 小匙

頂部糖霜
└ 赤藻糖醇 …… 50g
　水 …… 1 大匙

每1片 （約52g）	
淨碳水化合物	*2* g
碳水化合物	*3.8* g
脂肪	*15.4* g
蛋白質	*5.7* g
膳食纖維	*1.8* g
熱量	*172.6* kcal

成分檢視		適合飲食法		血糖測試 OK
無麩質	✓	低碳 / 低醣	✓	測試人：彭政銘 職　業：諮詢師
無杏仁粉		生酮	✓	● 空腹狀態與食用 100g 糖霜磅蛋糕一小時後的血糖值，相差 0mg/dL，此個案測試結果血糖振盪幅度小。
無雞蛋		根治	✓	
無精緻糖	✓	低 GI	✓	● 此為個案血糖實測結果，數據僅供參考。

空腹血糖值 94mg/dL　食用後血糖值 94mg/dL

1 烤箱先以 170℃進行預熱。

2 取一小碗，放入粉類材料（杏仁粉、椰子細粉、泡打粉、海鹽）混合攪拌均勻。

3 將奶油乳酪微波加熱 1 分鐘，使其軟化。

4 取一鋼盆，放入已軟化的無鹽奶油、赤藻糖醇，以打蛋器打至乳霜狀。

5 將步驟 3 軟化的奶油乳酪、鮮奶油加入奶油盆裡，再用電動打蛋器打至平滑後，再將兩顆雞蛋分次加入並攪拌均勻。

6 加入檸檬汁並攪拌均勻。

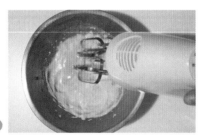

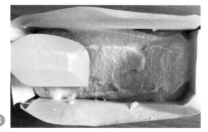

7　將步驟 2 的粉類材料慢慢加入，並
　　攪拌至滑順。

8　在模型內鋪上烘焙紙，將麵糊全部
　　倒入，輕輕的將模型反覆敲打桌面
　　後，再用刮刀整理表面。

9　將模型放入烤箱以 170℃烘烤 15 分
　　鐘後，將蛋糕取出並在中間劃一刀，
　　再送回烤箱繼續烘烤 15 分鐘。

10　待烤箱降溫至 140℃，再繼續烘烤
　　30 分鐘。

　　Tips　可將小牙籤插入蛋糕中央，取出
　　　　　後如果沒有沾黏，即代表已烤熟。

11　製作頂部裝飾糖霜。將赤藻糖醇、
　　水加入小鍋中，煮至 110℃（表面
　　冒起小泡泡的程度），使赤藻糖醇
　　完全溶解。

12　待磅蛋糕完全冷卻後再進行脫模，
　　並將糖霜刷在表面。

這樣吃最好吃

1. 烘烤出爐 24 小時內的食用口感與風味最好喔！

2. 烘焙成品無添加防腐劑，若吃不完建議放於密封袋再放入冰箱冷藏，約可保
   存 2 天，並盡快食用完畢。

3. 也可切片後冷凍保存，食用前放於室溫回溫，或以微波加熱一下即可食用。

總克數	製作分量
450 g	*1* 條（直徑 10×22cm）

生乳捲

自從執行低醣及生酮飲食之後，以為再也吃不到市面上美味的蛋糕了，但這款生乳捲的口感與市面上的非常相近，可以一解相思之愁。內餡也可以變換成巧克力鮮奶油或抹茶鮮奶油等口味。

(材料)

全蛋 …… 3 顆
奶油乳酪 …… 125g
赤藻糖醇 …… 20g
香草莢 …… 3cm
檸檬汁 …… 5g

內餡
┌ 鮮奶油 …… 200g
│ 赤藻糖醇 …… 15g
└ 香草莢 …… 3cm

每1片	（約50g）
淨碳水化合物	*1.4* g
碳水化合物	*1.4* g
脂肪	*14.2* g
蛋白質	*4* g
膳食纖維	*0* g
熱量	*148.5* kcal

成分檢視		適合飲食法		血糖測試 **OK**
無麩質	✓	低碳 / 低醣	✓	測試人：曾玉霞
無杏仁粉	✓	生酮	✓	職　業：上班族
無雞蛋	✓	根治	✓	● 空腹狀態與食用 100g 生乳捲一小時後的血糖值，相差 10mg/dL，此個案測試結果血糖振盪幅度小。
無精緻糖	✓	低 GI	✓	● 此為個案血糖實測結果，數據僅供參考。

空腹血糖值　99mg/dL
食用後血糖值　89mg/dL

A 製作蛋糕體

1 烤箱先以 150℃進行預熱。

2 先將蛋黃、蛋白分開;奶油乳酪微
波加熱軟化。

3 將奶油乳酪加入蛋黃、香草莢種籽
攪拌均勻至無顆粒感。

4 電動打蛋器先以低速將蛋白打發至
出現泡泡後再加入糖,繼續打至硬
性發泡,提起打蛋器蛋白末端呈現
尖尖、不會掉落的狀態。

5 將 1/3 的打發蛋白加入步驟 3 的蛋
黃糊裡,利用矽膠刮刀以拌切的方
式拌勻。

6 再將步驟 5 的蛋黃糊倒入剩下的打
發蛋白裡,一樣以拌切的方式拌勻。

7 在矽膠墊刷上奶油,再鋪上一層麵
糊,不要鋪太薄,大約 30x25cm。

8 放入烤箱烘烤 20 分鐘(可以利這
這個時候準備內餡),或是表面呈
現金黃色澤即可出爐。

9 烘烤出爐後取出,在蛋糕表面鋪上
另一張烘焙紙,將蛋糕翻面,取下
矽膠墊。

②

③

④

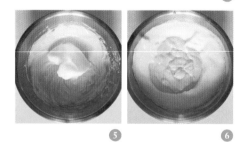
⑤　⑥

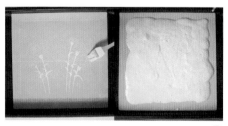
⑦

B　製作鮮奶油

10　先將打蛋器及鋼盆放入冷凍庫冰凍
　　　10 分鐘。

11　準備一個鋼盆，裡面放入冰塊（室
　　　溫如低於 18℃可省略此步驟）。

> Tips　打發鮮奶油時，若室溫高於
> 　　　18℃、較不易打發時，可在水盆
> 　　　內多加冰塊。

12　取另一鋼盆，倒入鮮奶油、赤藻糖
　　　醇、香草莢種子，以低速的電動攪
　　　拌器打發 2 分鐘，再轉至中速打發
　　　3 ～ 5 分鐘，打到自己喜歡的柔軟
　　　度（但不要打太久）。

> Tips　使用動物性鮮奶油時建議打發狀
> 　　　態硬一點，較不會因室溫軟化而
> 　　　塌陷。

13　放到擠花袋內，再放入冰箱冷藏 20
　　　分鐘備用。

⑫

C　製作生乳捲

14　將步驟 B 的鮮奶油擠到蛋糕體上，
　　　再用抹刀塗抹均勻。

15　捲起蛋糕體即完成。

> Tips　捲蛋糕體時必須非常輕揉小心，
> 　　　以免失敗。趁蛋糕體還有餘溫的
> 　　　時候輕柔捲起固定形狀可有助整
> 　　　形不易破裂。

這樣吃最好吃

1. 烘烤出爐 2 小時內的食用口感最好喔！
2. 烘焙成品無添加防腐劑，若吃不完建議放於密封袋再放入冰箱冷藏，約可保
　　存 2 天，並盡快食用完畢。
3. 從冰箱取出時，放於室溫回溫即可食用，口感大約可恢復八成。不建議再進
　　行加熱。

總克數	製作分量
335 g	*1* 個（6 吋愛心模）

肉桂捲

富有彈性的口感搭配甜而不膩肉桂醬，喜歡肉桂的你，一定要動手做這款肉桂捲，你會愛上的。

 材料

杏仁粉 … 90g
黃金亞麻仁籽粉 … 30g
泡打粉 … 1/2 小匙
莫扎瑞拉乳酪絲 … 185g
奶油乳酪 … 20g
全蛋 … 1 顆

肉桂餡
水 … 30g
赤藻糖醇 … 30g
肉桂粉 … 4.4g

頂部裝飾
赤藻糖醇 … 15g
鮮奶油 … 28g
奶油乳酪 … 57g
香草精 … 1.5g

每 1 份	（約67g）
淨碳水化合物	*2.6* g
碳水化合物	*5.9* g
脂肪	*33.5* g
蛋白質	*17.3* g
膳食纖維	*3.3* g
熱量	*390.3* kcal

食用分量約為 1/5 個

成分檢視		適合飲食法		血糖測試 OK
無麩質	✓	低碳 / 低醣	✓	測試人：Mina
無杏仁粉		生酮	✓	職　業：上班族
無雞蛋		根治	✓	● 空腹狀態與食用肉桂捲一小時後的血糖值，相差 11mg/dL，此個案測試結果血糖振盪幅度小。
無精緻糖	✓	低 GI	✓	● 此為個案血糖實測結果，數據僅供參考。

空腹血糖值 91mg/dL

食用後血糖值 102mg/dL

1　烤箱先以預熱 180℃進行預熱。

2　將莫扎瑞拉乳酪與奶油乳酪以隔水
加熱或微波加熱的方式,使其軟化
後,再用手捏成團狀。

Tips　微波加熱奶油乳酪與莫扎瑞拉乳
酪時,先以中低火加熱 30 秒,不
夠軟時再增加 10 秒,注意不要讓
邊緣變成金黃色。加熱的目的是
為了與粉類材料充分混和,呈現
可揉性麵糰。

3　取一鋼盆,放入粉類材料(杏仁粉、
黃金亞麻仁籽粉、泡打粉)混合均勻。

4　將步驟 2 的奶油乳酪糰放入粉料盆
中,再用手將兩者捏揉至完全融合。

Tips　如果混和時間過長或太乾,可再
微波加熱 10 秒。

5　待麵糰稍降溫後加入蛋,再用手捏
至融合。

6　將麵糰均勻分切成 6 等份,每個約
重 50g。

7　煮肉桂醬。準備一個鍋子加入水、
肉桂粉、糖,煮至微微起泡即可。

Tips　煮肉桂醬時不要煮沸,以免蒸發
過多水分。肉桂醬冷卻後會變硬,
可再加點水以小火加熱後使用。

8　用擀麵棍將小麵糰壓成長條狀後,
在麵糰上塗抹上肉桂醬。

9　將麵糰捲起來後,從中間對切一半,
再用手輕壓肉桂麵糰。

10 在愛心模裡鋪上烘焙紙，放入捲好的麵糰。

11 將烤模放入烤箱 20 分鐘，烤至表面呈金黃色澤即可。

12 肉桂捲放涼後即可食用，也可以再淋上頂部糖霜，增加風味。

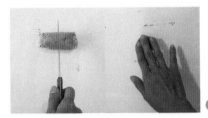

頂部裝飾

13 將奶油乳酪以隔水加熱或微波加熱的方式，使其軟化。

14 加入鮮奶油、赤藻糖醇攪拌均勻。

15 加入擠花袋中，再擠在肉桂捲上作為表面裝飾。

Tips　頂部裝飾可隨自己喜歡的方式創作。

這樣吃最好吃

1. 烘烤出爐 2 小時內的食用口感最好喔！

2. 烘焙成品無添加防腐劑，若吃不完建議放於密封袋再放入冰箱冷藏，約可保存 2 天，並盡快食用完畢。

3. 從冰箱取出食用時，可利用烤箱以 100℃加熱 5 分鐘；如果喜歡濕潤口感，可用電鍋半杯水加熱，口感可以回復八成左右。

COLUMN

總克數
520 g

製作分量
5 個（直徑 8cm）

丹麥乳酪麵包

這款麵包的麵包體，口感雖然與市面上以麵粉
製作的丹麥麵包略有些差別，但中間的乳酪餡
料甜中帶微酸，已可滿足對麵包甜點的渴望。

每 **1** 份	（約104g）
淨碳水化合物	**3.6** g
碳水化合物	**6.1** g
脂肪	**40.3** g
蛋白質	**16.1** g
膳食纖維	**2.5** g
熱量	**449.7** kcal

材料

杏仁粉 …… 36g
椰子細粉 …… 21g
黃金亞麻仁籽粉 …… 6g
泡打粉 …… 1/2 小匙
無鹽奶油 …… 48g
莫扎瑞拉起司 …… 150g
赤藻糖醇 …… 50g
全蛋 …… 1 顆
蛋黃 …… 1 顆
香草精 …… 1/4 小匙

餡料
┌ 奶油乳酪 …… 170g
│ 檸檬汁 …… 8g
│ 赤藻糖醇 …… 40g
└ 蛋黃 …… 1 顆

頂部裝飾
┌ 赤藻糖醇 …… 45g
│ 鮮奶油 …… 28g
└ 奶油乳酪 …… 57g

成分檢視		適合飲食法		血糖測試 OK
無麩質	✓	低碳 / 低醣	✓	測試人：賴沛宸 職　業：護理師
無杏仁粉		生酮	✓	● 空腹狀態與食用乳酪麵包一小時後的血糖值，相差 3mg/dL，此個案測試結果血糖振盪幅度小。
無雞蛋		根治	✓	
無精緻糖	✓	低 GI	✓	● 此為個案血糖實測結果，數據僅供參考。

空腹血糖值
103mg/dL

食用後血糖值
106mg/dL

A 製作麵包體

1 烤箱先以上火、下火各 200℃進行
預熱。

2 取一鋼盆，放入粉類材料（杏仁粉、
椰子細粉、黃金亞麻仁籽粉、泡打
粉）混合均勻備用。

3 將莫扎瑞拉起司、無鹽奶油隔水加
熱或微波加熱融化。

4 在已融化的奶油起司裡加入赤藻糖
醇、香草精，用手捏成團狀。

5 將步驟 2 的粉類材料加入奶油起司
團裡，以手捏拌至完全融合。

6 待麵糰降溫後加入雞蛋，並用手揉
捏使其完全融合。

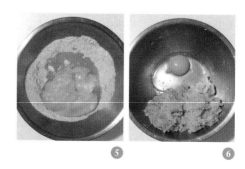

7 將麵糰平均分切成 4 等份，用擀麵
棍擀成圓形，並將周圍邊緣往內稍
微捲起，須留意底部不要太薄。

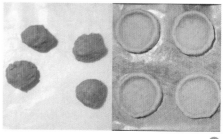

B 製作餡料

8 將奶油乳酪以隔水加熱或微波加熱融化。

9 加入檸檬汁、香草精、糖、蛋黃以打蛋器充分混和均勻。

> **Tips** 起司餡不建議更換比例,以免影響風味。

10 放進擠花袋內即可。如不馬上使用,可以先冷藏備用。

C 製作乳酪麵包

11 將餡料擠在麵糰中間,並用刮刀修飾平滑。在麵糰周圍刷上蛋黃液。

12 放入烤箱烘烤 10 ～ 12 分鐘,使表面呈現金黃色澤可。

> **Tips** 麵包體不要過度烘烤,以免烤焦。

13 製作頂部糖霜裝飾。將奶油乳酪以隔水加熱或微波加熱使其軟化後,再加入鮮奶油、赤藻糖醇攪拌均勻,裝入擠花袋中,擠在頂部裝飾即可。

> **Tips** 頂部糖霜裝飾甜度,可隨個人喜好調整,或是不添加。

這樣吃最好吃

1. 烘烤出爐 4 小時內的食用口感最好喔!

2. 烘焙成品無添加防腐劑,若吃不完建議放於密封袋再放入冰箱冷藏,約可保存 2 天,並盡快食用完畢。

3. 從冰箱取出食用時,可利用烤箱以 100℃加熱 5 分鐘;如果喜歡濕潤口感,可用電鍋半杯水加熱,口感可以回復八成左右。

COLUMN

總克數	製作分量
900 g	*12* 個（圓形麵包）

蔥仔胖

懷念青蔥麵包的滋味，在反覆測試調整配方比例後，總算做出自己滿意的味道。雖然吃起來和市面上的麵包仍有一點不同，但已能滿足我對蔥胖的思念了。

材料

杏仁粉 … 170g
黃金亞麻仁籽粉 … 14g
洋蔥粉 … 5g
莫扎瑞拉乳酪 … 300g
奶油乳酪 … 60g
無鹽奶油 … 30g
酵母粉 … 2 茶匙
溫水 … 30g
全蛋 … 2 顆（約 120g）

海鹽 … 2.5g
蛋黃 … 少許（刷於表面）

頂部青蔥餡

青蔥 … 50g
豬油 … 15g
全蛋 … 20g
羅漢果糖 … 1g
玫瑰鹽 … 1g
白胡椒粉 … 少許

每 1 份 （約75g）
淨碳水化合物 **2** g

碳水化合物 **4.1** g
脂肪 **23.1** g
蛋白質 **12** g
膳食纖維 **2.1** g
熱量 **267.6** kcal

作法

1 烤箱先以上火 180℃、下火 140℃進行預熱。

2 取一鋼盆，放入粉類材料（杏仁粉、黃金亞麻仁籽粉、洋蔥粉、海鹽）混合均勻。

3 製作酵母水。將溫水加入酵母粉中攪拌均勻備用。

4 隔水加熱或以微波爐加熱莫扎瑞拉乳酪、奶油乳酪、無鹽奶油至完全軟化，再用手捏塑成團狀。

成分檢視		適合飲食法		血糖測試 OK
無麩質	✓	低碳/低醣	✓	測試人：陳爸爸　職　業：已退休
無杏仁粉		生酮	✓	● 空腹狀態與食用 100g 蔥仔胖一小時後的血糖值，相差 16mg/dL，此個案測試結果血糖振盪幅度小。
無雞蛋		根治	✓	● 此為個案血糖實測結果，數據僅供參考。
無精緻糖	✓	低 GI	✓	空腹血糖值 105mg/dL　食用後血糖值 89mg/dL

5 將兩顆雞蛋分兩次加入作法 4 的奶油乳酪團中，充分混合均勻。

　　Tips　一次加入一顆雞蛋，比較容易混合均勻。

6 將步驟 3 的酵母水倒入，用手拌揉均勻，此份食譜的酵母僅用來增添風味，無發酵作用。

7 將奶油乳酪團放入步驟 2 的粉類材料中，以手捏混合均勻，建議手捏厚一點。

8 將麵糰分成 12 等份，並刷上蛋黃液。

　　Tips　將三顆小麵糰排列在一起，就可以做成像是 p.50 的造型。

9 放入烤箱，以 180℃烘烤 15 分鐘後取出。

　　Tips　麵包體的底部容易變硬，需視自家烤箱火力，多加留意下火溫度。

10 製作頂部青蔥餡。將蔥切成蔥末，加入融化豬油混合均勻。

11 在蛋液中加入胡椒粉、羅漢果糖、鹽攪拌均勻後，再加入步驟 10 的蔥花豬油混合均勻。

12 取出烘烤完成的麵包，均勻的鋪上青蔥餡，再放入烤箱烘烤 10 分鐘。

　　Tips　放上蔥花烘烤時，要多加留意，以免烤焦。

這樣吃最好吃

1. 烘烤出爐 2 小時內的食用口感最好喔！

2. 烘焙成品無添加防腐劑，若吃不完建議放於密封袋再放入冰箱冷藏，約可保存 2 天，並盡快食用完畢。

3. 從冰箱取出食用時，可利用微波爐以中低火加熱 30 秒，或以電鍋外鍋加入半杯水加熱。不建議放入烤箱回烤，因麵包體會變硬，口感會較不好。

COLUMN

總克數
300 g

製作分量
1 條吐司（約 14.5×5×7cm）

玫瑰偽吐司

帶有玫瑰花芬芳氣息的吐司，不僅單吃美味，還可
抹上質地滑順的發酵奶油，香氣更是誘人。

帶皮杏仁粉 … 20g　　無鹽奶油 … 35g
黃金亞麻仁籽粉 … 20g　　莫扎瑞拉乳酪 … 30g
洋車前子細粉 … 12.5g　　全蛋 … 3 顆
無鋁泡打粉 … 1 小匙　　飲用水 … 55g
乾燥玫瑰花 … 6g

每 1 片 （約50g）

淨碳水化合物	**1.2** g
碳水化合物	**4** g
脂肪	**11.4** g
蛋白質	**6.5** g
膳食纖維	**2.8** g
熱量	**143.8** kcal

作法

1　烤箱先以 190℃進行預熱。

2　取一鋼盆，放入粉類材料（帶皮杏仁粉、黃金亞麻仁籽粉、洋車前子細粉、無鋁泡打粉）混合均勻。

3　先取出玫瑰花蕊備用，將玫瑰花瓣放入乾粉盆中混合均勻。

4　奶油隔水加熱成液態；莫扎瑞拉乳酪用食物調理機打碎。

5　將蛋、融化奶油、莫扎瑞拉乳酪、水倒入鋼盆中攪拌均勻。

成分檢視		適合飲食法		血糖測試 **OK**
無麩質	✓	低碳 / 低醣	✓	測試人：盧羿珊 職　業：上班族
無杏仁粉		生酮	✓	● 空腹狀態與食用 100g 玫瑰偽吐司一小時後的血糖值，相差 6mg/dL，此個案測試結果血糖振盪幅度小。
無雞蛋		根治	✓	
無精緻糖	✓	低 GI	✓	● 此為個案血糖實測結果，數據僅供參考。

空腹血糖值　86mg/dL

食用後血糖值　80mg/dL

6 將乾燥玫瑰花蕊用磨粉機磨碎後加入奶油蛋液中。

    Tips 乾燥玫瑰花的花蕊磨成粉後再加入麵糊裡，可提升香氣。

7 將奶油蛋液倒入步驟 3 的乾粉盆中，攪拌混合均勻成麵糊。

8 將麵糊倒入模型中，靜置 8 分鐘。

    Tips 麵糊倒入模後一定要靜置喔！

9 放入烤箱，先以上下火各 180℃烘烤 5 分鐘，再以上火 180℃、下火 100℃烘烤 15 分鐘。

10 打開烤箱，將烤盤 180 度旋轉，再以 150℃的上下火繼續烘烤 10 分鐘。利用蛋糕測試棒從側邊插入吐司中心點，如果沒有沾黏即可出爐。

    Tips 如果蛋糕測試棒有些許沾黏，需覆蓋鋁箔紙再烤 10 分鐘，直到沒有沾黏情形為止。

11 脫模置於網架上放涼即可。

這樣吃最好吃

1. 烘烤出爐、置於室溫 6 小時內的食用風味最好喔！

2. 烘焙成品無添加防腐劑，若吃不完建議放於密封袋再放入冰箱冷藏，約可保存 2 天，並盡快食用完畢。

3. 從冰箱取出食用時，可利用烤箱以 100℃加熱 5 分鐘；如果喜歡濕潤口感，可用電鍋半杯水加熱，口感可以回復八成左右。

總克數	製作分量
600 g	*6* 個（圓形小餐包）

薰衣草迷迭香小餐包

這款餐包柔軟 Q 彈，吃起來的口感和一般的麵包極為相像，也可以自行變換添加不同的香料，帶來不同的風味。單吃或是抹上奶油都極為可口美味。

每 **1** 個	（約100g）
淨碳水化合物	**3.5** g
碳水化合物	**13.5** g
脂肪	**16.9** g
蛋白質	**10.8** g
膳食纖維	**10** g
熱量	**241.2** kcal

 材料

杏仁粉 … 140g
黃金亞麻仁籽粉 … 60g
洋車前子粉 … 40g
無鋁泡打粉 … 2.5g
玫瑰鹽 … 3g
蘋果醋或其他醋 … 10g
赤藻糖醇 … 8g

蛋白 … 3 個
全蛋 … 1 個
溫水 … 200g
乾燥薰衣草 … 1g
乾燥迷迭香 … 1g

成分檢視		適合飲食法		血糖測試 OK
無麩質	✓	低碳 / 低醣	✓	測試人：陳詩婷
無杏仁粉		生酮	✓	職　業：上班族
無雞蛋		根治	✓	• 空腹狀態與食用 100g 餐包一小時後的血糖值，相差 14mg/dL，此個案測試結果血糖振盪幅度小。
無精緻糖	✓	低 GI	✓	• 此為個案血糖實測結果，數據僅供參考。

空腹血糖值 98mg/dL　食用後血糖值 84mg/dL

作法

1　烤箱先以 180℃進行預熱。

2　取一鋼盆，放入粉類材料（杏仁粉、
黃金亞麻仁籽粉、洋車前子粉、無
鋁泡打粉、鹽）混合均勻。

3　取一小碗，將蘋果醋和赤藻糖醇攪
拌均勻。

4　取另一鋼盆，放入三顆蛋白、一顆
全蛋，攪拌均勻。

5　將步驟 4 的蛋液倒入步驟 1 的粉類
盆中。

6　接著將步驟 3 的蘋果醋也倒入粉類
盆中，用手將材料捏揉均勻，直到
看不見粉類材料為止，再倒入溫水
繼續揉捏均勻。

7　加入香料後，再用手捏拌均勻。

8　將揉捏好的麵粉分成 6 個小球，每
球約 100g。

9　用保鮮膜覆蓋住小麵糰，靜置 15
分鐘。

10　在小麵糰表面畫上十字刀痕。

11　放入烤箱，先以 180℃烘烤 15 分
鐘，再以 150℃烘焙 40 分鐘。

這樣吃最好吃

1. 烘烤出爐、置於室溫 6 小時內的食用風味最好喔！

2. 烘焙成品無添加防腐劑，若吃不完建議放於密封袋再放入冰箱冷藏，約可保存 2 天，並盡快食用完畢。

3. 從冰箱取出食用時，可放入烤箱以 110℃烘烤 10 分鐘。

COLUMN

總克數
250 g

製作分量
可做一個 *6* 吋、一個 *4* 吋的派

菠菜鹹派

鹹派裡加入了菠菜與雞肉，作為早餐、下午茶、或是派對點心都相當適合，不僅能享受到口感，也能帶來飽足感。

材料

派皮	奶蛋汁	內餡
杏仁粉 … 45g	鮮奶油 … 100g	蒜頭 … 1 小瓣
椰子細粉 … 28g	全蛋 … 1 顆	雞腿排切小塊 … 50g
羅漢果糖 … 15g	鹽 … 適量	菠菜 … 20g
全蛋 … 1 顆	胡椒粉 … 適量	玫瑰鹽 … 適量
無鹽奶油 … 35g		莫扎瑞拉乳酪 … 15g

每 1 份（約50g）

淨碳水化合物	**2.9** g
碳水化合物	**6** g
脂肪	**22** g
蛋白質	**9** g
膳食纖維	**3.1** g
熱量	**255.5** kcal

作法

A 製作派皮

1 烤箱先以 170℃進行預熱。

2 取一鋼盆，放入粉類材料（杏仁粉、椰子細粉）混合均勻。

3 取另一鋼盆，打入蛋液和羅漢果糖，充分攪拌混和。

4 將無鹽奶油加入步驟 2 的粉類材料盆中，用手攪拌均勻。

5 將粉材均勻捏成團狀後，靜置 10 分鐘。

成分檢視		適合飲食法		血糖測試 OK
無麩質	✓	低碳 / 低醣	✓	測試人：陳媽媽 職　業：已退休
無杏仁粉		生酮	✓	● 空腹狀態與食用 100g 鹹派後一小時的血糖值，相差 8mg/dL，此個案測試結果血糖振盪幅度小。
無雞蛋		根治	✓	
無精緻糖	✓	低 GI	✓	● 此為個案血糖實測結果，數據僅供參考。

空腹血糖值 110mg/dL　**食用後血糖值** 118mg/dL

6 將麵糰放入派模中，用手指將麵糰推開鋪平，再用叉子在底部戳洞。

7 放入烤箱烘烤 15 分鐘。

> Tips 烘烤派皮時要留意狀況，小心不要上色過度烤焦了！

B 製作內餡

8 製作奶蛋汁。將鮮奶油、蛋、鹽、黑胡椒用打蛋器攪打均勻。

9 準備一平底鍋煎雞腿肉，再加入蒜泥、玫瑰鹽拌炒。

10 將雞肉放入派皮中，一層肉、一層菠菜鋪滿派皮。

11 倒入步驟 1 的奶蛋汁，並撒上莫扎瑞拉乳酪。

> Tips 內餡可自行調整比例，或視個人口感變化其他食材。

12 放入烤箱以 190℃烘烤 25 分鐘。

這樣吃最好吃

1. 烘烤出爐 2 小時內的食用口感最好喔！

2. 烘焙成品無添加防腐劑，若吃不完建議放於密封袋再放入冰箱冷藏，約可保存 2 天，並盡快食用完畢。

3. 從冰箱取出食用時，可利用烤箱以 115℃加熱 10 分鐘。

COLUMN

總克數	製作分量
270 g	*4* 片（約 12×12cm）

蔥油餅

這款蔥油餅很適合作為冰箱裡的常備點
心，一次做好分量，要吃時直接以平底鍋
油煎，或是加顆雞蛋，快速又美味。

 材料

椰子細粉 … 66g
洋車前子細粉 … 25g
泡打粉 … 1 小匙
鹽 … 1/2 小匙
椰子油 … 40g
溫水 … 250g
新鮮蔥 … 適量

每 1 片	（約67.5g）
淨碳水化合物	**4.2** g
碳水化合物	*14.9* g
脂肪	*12.3* g
蛋白質	*2.4* g
膳食纖維	*10.7* g
熱量	*177* kcal

成分檢視		適合飲食法		血糖測試 **OK**
無麩質	✓	低碳 / 低醣	✓	測試人：林佳德 職　業：咖啡店老闆
無杏仁粉	✓	生酮	✓	● 空腹狀態與食用 100g 蔥油餅一小時後的血糖值，相差 7mg/dL，此個案測試結果血糖振盪幅度小。
無雞蛋	✓	根治	✓	
無精緻糖	✓	低 GI	✓	● 此為個案血糖實測結果，數據僅供參考。

空腹血糖值 88mg/dL　食用後血糖值 95mg/dL

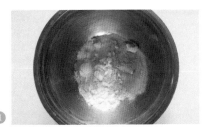

作法

1 取一鋼盆，放入粉類材料（椰子細粉、洋車前子細粉、泡打粉、鹽）混合均勻。

2 加入椰子油持續攪拌均勻。

> Tips 也可將椰子油換成豬油，別有一番風味。

3 加入一半分量的溫水，攪拌至呈現麵糰狀。

4 倒入剩下的水、適量的蔥，用手捏成團狀。

5 用擀麵棍將麵糰擀平，用模型壓出自己想要的形狀。

6 在平底鍋中抹一點油，放入蔥油餅煎至兩面呈金黃色。

這樣吃最好吃

1. 成品無添加防腐劑，若吃不完建議放於密封袋再放入冰箱冷藏，約可保存 2 天，並盡快食用完畢。

2. 從冰箱取出食用時，利用平底鍋油煎即可。

COLUMN

總克數
350 g

製作分量
2 個(6吋)

綜合起司披薩

加入莫扎瑞拉起司、布利起司、煙燻起司,組合出起司三重
奏披薩,再加上義大利香料與海鹽,充滿義式風情。

材料

杏仁粉 …… 70g
黃金亞麻仁籽粉 …… 15g
義大利香料 …… 1/2 小匙
海鹽 …… 少許
全蛋 …… 1 顆
莫扎瑞拉起司 …… 160g
奶油乳酪 …… 40g

內餡

┌ 莫扎瑞拉起司 …… 適量
│ 布利起司 …… 適量
│ 煙燻起司 …… 適量
│ 黑胡椒 …… 適量
└ 海鹽 …… 適量

每 1 份	（約35g）
淨碳水化合物	**0.8** g
碳水化合物	**1.9** g
脂肪	**9.9** g
蛋白質	**6.8** g
膳食纖維	**1.1** g
熱量	**122.1** kcal

作法

1 　將莫扎瑞拉起司與奶油乳酪以隔水加熱或微波加熱的方式，使其軟化。

2 　取一鋼盆，放入粉類材料（杏仁粉、黃金亞麻仁籽粉、義大利香料、海鹽）混合均勻。

3 　將步驟 1 軟化的起司乳酪加入粉類盆裡，用手捏成團狀。

4 　加入蛋液，用手將麵糰混和攪拌均勻。

　　Tips　蛋液可以先打散，依麵糰的濕度，覺得不夠再分次加入。

成分檢視		適合飲食法		血糖測試 OK
無麩質	✓	低碳 / 低醣	✓	測試人：郭易詔　職　業：上班族
無杏仁粉		生酮	✓	● 空腹狀態與食用 100g 綜合起司披薩後一小時的血糖值，相差 8mg/dL，此個案測試結果血糖振盪幅度小。
無雞蛋		根治	✓	
無精緻糖	✓	低 GI	✓	● 此為個案血糖實測結果，數據僅供參考。

空腹血糖值　77mg/dL
食用後血糖值　85mg/dL

①

②

③

④

5 將麵糰以**擀麵棍擀**平，並整成圓形，將周圍邊緣往內捲進來。

> **Tips** 披薩皮不要擀得太薄，至少要 0.8 公分，口感較好。

6 放入烤箱，以 190℃烘烤 12 ～ 14 分鐘後取出。

7 鋪上適量的莫扎瑞拉起司、布利起司、煙燻起司、黑胡椒、海鹽，再放入烤箱以上火 190℃烘烤 12 ～ 14 分鐘或表面呈金黃色澤即可。

> **Tips** 披薩上面的起司料可以隨個人喜愛自由變化喔！

⑦

這樣吃最好吃 🥄🔪🍴

1. 烘烤出爐 2 小時內的食用口感最好喔！
2. 烘焙成品無添加防腐劑，若吃不完建議放於密封袋再放入冰箱冷藏，約可保存 2 天，並盡快食用完畢。
3. 從冰箱取出食用時，可利用微波爐以中低火加熱 30 秒，或以電鍋外鍋加入半杯水加熱。不建議放入烤箱回烤，因麵包體會變硬，口感會較不好。

COLUMN

總克數	製作分量
400 g	*2* 片

藍莓焦糖甜心派

酥脆鹹香的派皮、微甜的內餡、點綴視覺與豐富
口感的藍莓，交織出讓人難以忘懷的滋味。

 材料

杏仁粉 … 85g
椰子細粉 … 15g
赤藻糖醇 … 10g
海鹽 … 少許
全蛋 … 1 顆
莫扎瑞拉乳酪 … 160g
奶油乳酪 … 40g

餡料
奶油乳酪 … 170g
檸檬汁 … 6g
香草精 … 1/4 小匙
羅漢果糖 … 40g
蛋黃 … 1 顆（僅用 15g）
藍莓 … 5g

焦糖醬
羅漢果糖 … 15g
水 … 10g
鮮奶油 … 20g

每 1/2 片	（約100g）
淨碳水化合物	**4.5** g
碳水化合物	**8.1** g
脂肪	**43.1** g
蛋白質	**21.5** g
膳食纖維	**3.6** g
熱量	**500.7** kcal

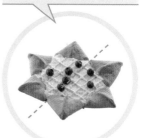

食用分量約為 1/2 個

成分檢視		適合飲食法		血糖測試 OK
無麩質	✓	低碳/低醣	✓	測試人：周宥蓁 職　業：護理師
無杏仁粉		生酮	✓	● 空腹狀態與食用 100g 藍莓 甜心派一小時後的血糖值， 相差 5mg/dL，此個案測 試結果血糖振盪幅度小。
無雞蛋		根治	✓	
無精緻糖	✓	低 GI	✓	● 此為個案血糖實測結果， 數據僅供參考。

空腹血糖值　101mg/dL
食用後血糖值　106mg/dL

A 製作派皮

1 烤箱先以 190℃進行預熱。

2 將莫扎瑞拉起司與奶油乳酪以隔水加熱或微波加熱的方式,使其軟化。

3 取一鋼盆,放入粉類材料（杏仁粉、椰子細粉、赤藻糖醇）混合均勻。

4 將步驟 2 軟化的乳酪團、鹽加入粉類盆中,用手捏拌均勻。

5 加入雞蛋,用手混合均勻。

6 將麵糰以擀麵棍擀平（不要擀太薄）,並整成圓形,中間用手掌壓一下,形成中間凹、外圍稍高的形狀。

7 用刀子將披薩皮均等分切 6 刀,並將切開的地方往內折,形成星星的形狀。

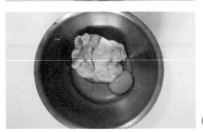

8 底部用叉子戳洞,防止派皮膨脹。

9 放入烤箱,以 190℃烘烤 12 ～ 14 分鐘後取出。

B 製作餡料

10 將奶油乳酪以隔水加熱或微波加熱的方式,使其軟化。

11 再加入檸檬汁、羅漢果糖、香草精充分混和均勻。

12 加入蛋黃,攪拌均勻。

13 放入擠花袋內冷藏備用。

C 製作焦糖醬

14 準備一個小鍋，先將羅漢果糖煮至液化。

15 倒入鮮奶油、水，以小火持續煮 5 分鐘即可。

D 製作甜心派

16 將步驟 B 的內餡擠至派皮上並修飾平整。

17 放進烤箱以 190℃烘烤 10 分鐘。

18 擠上步驟 C 的焦糖醬，並放上藍莓即完成。

這樣吃最好吃

1. 烘烤出爐 2 小時內的食用口感最好喔！

2. 烘焙成品無添加防腐劑，若吃不完建議放於密封袋再放入冰箱冷藏，約可保存 2 天，並盡快食用完畢。

3. 從冰箱取出食用時，可利用烤箱以 100℃加熱 5 分鐘。

COLUMN

Part 3

蛋糕甜點

——華麗午茶，品嚐輕甜好滋味

進行低醣及生酮飲食時，

也能享用造型吸睛、口感美味的甜點。

巧克力熔岩蛋糕、檸檬蛋白派、古早味蛋糕等，

各種精緻不甜膩的小甜點，帶你走進健康又療癒的低醣世界。

巧克力檸檬小蛋糕

總克數	製作分量
335 g	**12** 個（直徑 5cm）

這款小蛋糕雖然作工有點複雜，但美妙滋味值得一試。因為很喜歡巧克力與檸檬蛋糕的結合，所以設計了這款檸檬蛋糕為基底，外層再包覆住一層苦甜巧克力，就成為精緻又不甜膩的小甜點。

 材料

巧克力底

- 可可粉 …… 30g
- 泡打粉 …… 1/2 小匙
- 玫瑰鹽 …… 少許
- 全蛋 …… 1 顆
- 羅漢果糖 …… 45g
- 鮮奶油 …… 15g

鮮奶油夾層

- 鮮奶油 …… 100g
- 羅漢果糖 … 20g

巧克力甘納許

- 鮮奶油 … 120g
- 可可膏 … 100g
- 羅漢果糖 … 20g

檸檬蛋糕體

- 杏仁粉 …… 38g
- 椰子細粉 …… 10g
- 泡打粉 …… 1/4 小匙
- 玫瑰鹽 …… 少許
- 全蛋 …… 1 顆
- 無鹽奶油 …… 28g
- 酸奶油 …… 15g
- 赤藻糖醇 …… 18g
- 檸檬皮屑 …… 1 顆
- 香草莢 …… 2cm

每 1 個	（約27g）
淨碳水化合物	**3.9** g
碳水化合物	**4.5** g
脂肪	**16.6** g
蛋白質	**4.2** g
膳食纖維	**0.6** g
熱量	**183.9** kcal

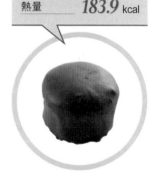

成分檢視		適合飲食法		血糖測試 OK
無麩質	✔	低碳 / 低醣	✔	測試人：楊薇欣 職　業：護理師
無杏仁粉		生酮	✔	● 空腹狀態與食用 100g 小蛋糕一小時後的血糖值，相差 7mg/dL，此個案測試結果血糖振盪幅度小。
無雞蛋		根治	✔	
無精緻糖	✔	低 GI	✔	● 此為個案血糖實測結果，數據僅供參考。

空腹血糖值 120mg/dL　食用後血糖值 127mg/dL

A　製作巧克力底

1　烤箱先以上火、下火各 175℃進行預熱。

2　取一鋼盆,將可可粉、泡打粉過篩後,再加入海鹽攪拌均勻。

3　取另一鋼盆,加入蛋、鮮奶油、羅漢果糖以打蛋器充分攪拌均勻。

4　將步驟 2 的可可粉倒入蛋液攪拌均勻後,再倒入模型中。

5　放入烤箱烘烤 15 分鐘後取出,放涼備用。

　　Tips　這個巧克力底同時帶有蛋糕與餅乾的口感。

B　製作檸檬蛋糕體

6　將烤箱以 175℃進行預熱。

7　取一鋼盆過篩粉類材料(杏仁粉、椰子細粉、泡打粉、玫瑰鹽)。

8　取另一鋼盆,倒入赤藻糖醇、檸檬皮屑,攪拌混合。

9　打入雞蛋、酸奶油、香草莢,以打蛋器充分攪拌均勻。

10　再倒入融化奶油攪拌均勻後,將步驟 7 的粉類材料倒入,攪拌均勻。

11　將麵糊放入模型,送入烤箱以 170℃烘烤 15 分鐘。

C　製作鮮奶油夾層

12　打發鮮奶油。取一鋼盆加入鮮奶油、
　　羅漢果糖，以電動攪拌器打至不會
　　滴落的程度。

13　裝入擠花袋，冷藏備用。

D　製作巧克力甘納許

14　隔水加熱鮮奶油、羅漢果糖，一邊
　　攪拌直到羅漢果糖完全溶解。

15　加入磨成小碎片的可可膏，攪拌均
　　勻即完成。

E　製作蛋糕

16　取出作法 A 的巧克力餅乾底，擠上
　　作法 C 的鮮奶油層（約 0.5 公分）。

　　Tips　也可視個人喜好，將中間的鮮奶
　　　　　油夾層換成檸檬醬喔！

17　放上作法 B 的檸檬蛋糕，在四周塗
　　抹上一層鮮奶油，再放入冰箱冷凍
　　1 小時。

　　Tips　這個步驟很重要，在淋上巧克力
　　　　　醬前一定要冷凍 1 小時喔！

18　將蛋糕取出，淋上巧克力醬，再放
　　回冰箱冷藏 1 小時。

這樣吃最好吃

1. 烘烤出爐 2 小時內的食用口感最好喔！

2. 烘焙成品無添加防腐劑，若吃不完建議放於密封袋再放入冰箱冷藏，約可保
　 存 2 天，並盡快食用完畢。

3. 因外層含有巧克力，所以從冰箱取出食用時，不能再進行任何加熱的動作。

榛果巧克力蛋糕球

總克數	製作分量
240 g	*12* 個（直徑 3cm）

這款精緻小巧的蛋糕球，口感豐富、榛果的香氣點綴了整體。作工雖然較為繁複，但吃過的人都讚不絕口，絕對不輸市售的高級甜點喔！

 材料

底座塔

- 杏仁粉 … 23g
- 椰子細粉 … 15g
- 赤藻糖醇 … 7g
- 蛋液 … 25g
- 無鹽奶油 … 15g

巧克力甘納許

- 鮮奶油 … 50g
- 可可膏 … 40g
- 赤藻糖醇 … 3g
- 榛果油 … 5g

巧克力蛋糕

- 杏仁粉 … 15g
- 可可粉 … 5g
- 泡打粉 … 1/4 小匙
- 海鹽 … 少許
- 蛋液 … 25g
- 鮮奶油 … 30g
- 赤藻糖醇 … 7g
- 無鹽奶油 … 15g

每 1 個	（約20g）
淨碳水化合物	*2.1* g
碳水化合物	*2.8* g
脂肪	*8.7* g
蛋白質	*2.2* g
膳食纖維	*0.7* g
熱量	*97* kcal

成分檢視		適合飲食法		血糖測試 OK
無麩質	✔	低碳/低醣	✔	測試人：江志鴻　職　業：行政人員
無杏仁粉		生酮	✔	● 空腹狀態與食用 100g 巧克力蛋糕球一小時後的血糖值，相差 3mg/dL，此個案測試結果血糖振盪幅度小。
無雞蛋		根治	✔	● 此為個案血糖實測結果，數據僅供參考。
無精緻糖	✔	低 GI	✔	空腹血糖值 94mg/dL　食用後血糖值 97mg/dL

作法

A　製作基底塔

1　烤箱先以上火、下火各 165℃進行
　　預熱。

2　取一鋼盆，放入粉類材料（杏仁粉、
　　椰子細粉）混合均勻。

3　取另一鋼盆，打入蛋液和赤藻糖醇，
　　以打蛋器充分攪拌均勻。

❷　　　　　　❸

4　將蛋液盆倒入粉類盆裡，並加入室
　　溫軟化奶油，用手捏成團狀。

5　將麵糰靜置 10 分鐘後，再送入烤
　　箱烘烤 15 分鐘。

6　用擀麵棍將麵糰擀平後，以直徑約
　　3 公分的圓形模壓出形狀。

❹　　　　　　❻

B　製作巧克力蛋糕

7　取一鋼盆，放入粉類材料（杏仁粉、
　　可可粉、泡打粉、海鹽）混合均勻。

8　取另一鋼盆，加入蛋液、鮮奶油、
　　赤藻糖醇攪拌均勻後，再倒入融化
　　奶油。

9　將奶油蛋液盆倒入粉類盆中，充分
　　攪拌均勻。

❼

10　在烤模內緣塗上一層奶油，倒入
　　1/3 高的巧克力糊，放入一顆榛果
　　後，再倒入巧克力糊至八分滿。

11　放入烤箱烘烤 20 分鐘。

❽

C 製作巧克力甘納許

12 取一小鍋，放入鮮奶油、赤藻糖醇，以隔水加熱的方式直到赤藻糖醇完全溶解再離火。

13 加入磨成小碎片的可可膏，充分攪拌均勻。

14 加入榛果油攪拌均勻。

> **Tips** 選用頂級 100% 榛果油，搭配純可可膏，可做出香氣濃厚的巧克力甘納許。

D 製作蛋糕

15 將作法 B 的巧克力蛋糕從模型中取出，淋上作法 C 的巧克力甘納許醬，頂部撒上碎榛果，放入冰箱冷凍 1 小時。

16 取出作法 A 的底部蛋糕，擠上一點鮮奶油，作為夾層的黏著劑，再放上作法 B 的巧克力蛋糕，放入冰箱冷藏 1 小時。

這樣吃最好吃

1. 烘烤出爐 24 小時內的食用口感與風味最好喔！
2. 烘焙成品無添加防腐劑，若吃不完建議放於密封袋再放入冰箱冷藏，約可保存 2 天，並盡快食用完畢。
3. 從冰箱取出時，放於室溫回溫一下即可食用。

COLUMN

總克數	製作分量
300 g	*3* 個

檸檬小蛋糕

小時候每次看到麵包店裡的檸檬小蛋糕，黃橙橙的可口模樣，總是會讓我忍不住吞口水。這款改良版的檸檬小蛋糕，雖然外表不如傳統鮮豔亮麗，但口感相似度有八成，喜歡的朋友可以動手做看看喔！

每 1 個 （約100g）	
淨碳水化合物	*3* g
碳水化合物	*6.6* g
脂肪	*30.6* g
蛋白質	*7* g
膳食纖維	*3.3* g
熱量	*326.1* kcal

材料

椰子細粉 … 28g
赤藻糖醇 … 20g
泡打粉 … 1/4 小匙
玫瑰鹽 … 少許
全蛋 … 2 顆
椰子油 … 30g
椰漿 … 60g
香草莢 … 1cm
檸檬屑 … 1/4 顆

檸檬白巧克力
┌ 天然純可可脂 … 25g
│ 鮮奶油 … 20g
│ 赤藻糖醇 … 18g
│ 香草莢 … 1cm
│ 玫瑰鹽 … 少許
└ 檸檬屑 … 1/4 顆

成分檢視		適合飲食法		血糖測試 OK
無麩質	✓	低碳 / 低醣	✓	測試人：李雅倫　職　業：護理師
無杏仁粉	✓	生酮	✓	● 空腹狀態與食用 100g 檸檬小蛋糕一小時後的血糖值，相差 4mg/dL，此個案測試結果血糖振盪幅度小。
無雞蛋		根治	✓	● 此為個案血糖實測結果，數據僅供參考。
無精緻糖	✓	低 GI	✓	

空腹血糖值 102mg/dL　食用後血糖值 98mg/dL

作法

A　製作檸檬蛋糕

1　烤箱先以 190℃進行預熱。

2　取一鋼盆，放入粉類材料（椰子細粉、泡打粉、玫瑰鹽）混合均勻。

3　取一個乾淨鋼盆打入 2 顆蛋、赤藻糖醇，用打蛋器打至微微起泡。

4　取一顆新鮮檸檬，將檸檬皮屑削入約 1/4 顆的量，並攪拌均勻。

5　準備一個小鍋，倒入椰子油、椰漿、香草莢（需剖開將香草籽刮出），以小火煮滾即可離火，並將香草莢取出，靜置冷卻。

6　將步驟 4 的檸檬蛋液加入椰漿鍋中，攪拌均勻。

7　將步驟 6 的椰漿蛋液倒入步驟 2 的粉料鍋裡，攪拌均勻。

8　在烤模內緣刷上一層奶油，再將麵糊倒入。

9　放入烤箱以 190℃烘烤 15 分鐘，再轉 150℃烘烤 5 分鐘。

10　取出放涼後，用刮刀刮一下周圍即可脫模。

B　製作檸檬白巧克力

11　取一乾淨鋼盆放入可可脂肪並隔水
　　加熱融化。

12　取另一小鍋，加入赤藻糖醇，以小
　　火加熱至變成液狀。

　　Tips　甜度可視個人喜好自行調整。

⑫　⑬

13　將糖水加入步驟 11 的可可脂內，
　　攪拌均勻。

14　再加入鮮奶油、香草莢（需剖開刮
　　出香草籽）、玫瑰鹽，攪拌均勻。

15　稍微冷卻後磨入 1/4 顆檸檬皮屑，
　　攪拌均勻。

　　Tips　檸檬皮屑要等白巧克力醬稍微冷
　　　　卻後才能放入喔！

⑭　⑮

16　將檸檬糖霜過篩。

17　在蛋糕體表面均勻的淋上檸檬白巧
　　克力醬。

　　Tips1　淋醬過程中，如果白巧克力醬變
　　　　濃稠了，可再以小火加熱一下，
　　　　但不要到冒泡程度。

　　Tips2　盤子中的檸檬白巧克力醬，可淋
　　　　在下一個小蛋糕上。

⑯　⑰

總克數
510 g

製作分量
一個 **6** 吋、一個 **4** 吋

經典檸檬蛋白派

清新酸甜的檸檬內餡、滑順爽口的蛋白霜，搭配上香酥派皮，經典滋味總是讓人回味無窮。

 材料

派皮

- 杏仁粉 … 45g
- 椰子細粉 … 28g
- 羅漢果糖 … 15g
- 全蛋 … 1 顆
- 無鹽奶油 … 35g

檸檬內餡

- 牛明膠粉 … 5g
- 檸檬汁 … 55g
- 檸檬皮屑 … 1 顆
- 赤藻糖醇 … 25g
- 全蛋 … 1 顆
- 蛋黃 … 1 顆
- 無鹽奶油 … 30g

蛋白圓頂

- 蛋白 … 4 顆
- 赤藻糖醇 … 15g

每1份	（約51g）
淨碳水化合物	**1.7** g
碳水化合物	**3.2** g
脂肪	**9.8** g
蛋白質	**5.5** g
膳食纖維	**1.5** g
熱量	**121.4** kcal

成分檢視		適合飲食法		血糖測試 **OK**
無麩質	✓	低碳 / 低醣	✓	測試人：王芷薇 職　業：護理師
無杏仁粉		生酮	✓	● 空腹狀態與食用 100g 蛋白派一小時後的血糖值，相差 18mg/dL，此個案測試結果血糖振盪幅度小。
無雞蛋		根治	✓	
無精緻糖	✓	低 GI	✓	● 此為個案血糖實測結果，數據僅供參考。

空腹血糖值
93mg/dL

食用後血糖值
75mg/dL

作法

A 製作派皮

1 烤箱先以 165℃進行預熱。

2 取一鋼盆，放入粉類材料（杏仁粉、椰子細粉）混合均勻。

3 取另一鋼盆，打入蛋液和羅漢果糖，以打蛋器充分攪拌混和。

4 將蛋液加入粉類盆中，並加入奶油，用手捏成團狀後，靜置 10 分鐘。

5 用擀麵棍將麵糰擀平後，放入派模中，修飾邊緣，再用叉子在底部戳幾個小洞。

6 放入烤箱烘烤 15 分鐘。

❷ ❸

❹

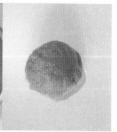

❺

這樣吃最好吃

1. 烘烤出爐 24 小時內的食用口感與風味最好喔！

2. 烘焙成品無添加防腐劑，若吃不完建議放於密封袋再放入冰箱冷藏，約可保存 2 天，並盡快食用完畢。

3. 從冰箱取出時，放於室溫回溫一下即可食用。

COLUMN

B **製作檸檬內餡**

7 取一小碗，將牛明膠粉加入 5g 的水（材料分量外）混和均勻備用。

8 取一鋼盆將一整顆檸檬皮刨成屑，再與赤藻糖醇混和備用。

9 取另一鋼盆將蛋、檸檬汁、糖攪拌均勻，再以隔水加熱至大約 70 ～ 75℃時離火。

　　Tips 隔水加熱過程中，需不斷攪拌。

10 拌入步驟 7 的牛明膠凍，再加入奶油攪拌均勻，檸檬醬即完成。

11 將檸檬醬過篩，再裝填入擠花袋。

12 待派皮冷卻後，將檸檬醬擠入派中，放入冷箱冷凍 1 小時。

D **製作蛋白霜**

13 以電動打蛋器將蛋白打發至濕性發泡（提起打蛋器，尖端的泡沫呈現下垂狀）。

14 將蛋白霜鋪在塔頂，再放入烤箱以 180℃烘烤 20 分鐘，直到頂部呈現淡咖啡色即可。

　　Tips 需留意蛋白霜不宜烤過頭。

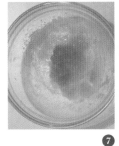
7

8

9

10

11

14

總克數	製作分量
140 g	*2* 個（直徑約 8×5cm 愛心模）

巧克力熔岩蛋糕

這款巧克力熔岩蛋糕簡單易操作、難度低，且製作時間短，是非常容易成功的食譜。口感與市面上的蛋糕幾乎一樣，這麼療癒的蛋糕一定要學起來！

每 1 個	（約70g）
淨碳水化合物	*2.8* g
碳水化合物	*2.8* g
脂肪	*11.3* g
蛋白質	*7.5* g
膳食纖維	*0* g
熱量	*142.2* kcal

材料

無糖可可粉 … 30g
全蛋 … 1 顆
赤藻糖醇 … 30g
鮮奶油 … 30g
泡打粉 … 1/4 小匙
海鹽 … 少許

成分檢視		適合飲食法		血糖測試 OK
無麩質	✓	低碳 / 低醣	✓	測試人：黃玉萍 職　業：護理師
無杏仁粉	✓	生酮	✓	● 空腹狀態與食用 100g 巧克力熔岩蛋糕一小時後的血糖值，相差 5mg/dL，此個案測試結果血糖振盪幅度小。
無雞蛋	✓	根治	✓	
無精緻糖	✓	低 GI	✓	● 此為個案血糖實測結果，數據僅供參考。

空腹血糖值 106mg/dL　食用後血糖值 101mg/dL

作法

1　烤箱先以 190℃進行預熱。

2　利用篩網將可可粉過篩。

3　取一鋼盆，放入粉類材料（可可粉、
　　泡打粉）混合均勻。

4　取另一鋼盆，放入雞蛋、鮮奶油。

5　將步驟 4 的材料倒入步驟 3 裡，攪
　　拌混和均勻。

6.　將麵糊倒入模型內，並放入冰箱冷
　　凍 15 分鐘。

7　將模型放入烤箱烘烤 15 分鐘，小
　　心不要過度烘烤。

　　Tips1　注意烘烤時間不能太久，如烘烤
　　　　　過久蛋糕體中心熟透時，就無法
　　　　　製造出熔岩的效果囉！

　　Tips2　每個烤箱溫度、時間不太一樣，
　　　　　模的大小厚度也會影響烘烤時
　　　　　間，最準確的作法是用蛋糕測試
　　　　　針測試熟的程度。

　　Tips3　烘烤出爐後靜置放涼後，可依個
　　　　　人喜好撒上糖粉裝飾。

這樣吃最好吃

1. 烘烤出爐、置於室溫 24 小時內的食用風味最好喔！

2. 烘焙成品無添加防腐劑，若吃不完建議放於密封袋再放入冰箱冷藏，約可保
   存 2 天，並盡快食用完畢。

3. 從冰箱取出即可直接食用，口感約可回復八成，不建議再度加熱。

總克數	製作分量
140 g	**2** 個（直徑約 8×5cm 愛心模）

花生醬熔岩蛋糕

這款是「巧克力熔岩蛋糕」的延伸變化，作法一樣簡單，但加入香濃的無糖花生醬，和巧克力相當契合，口感與市面上的蛋糕幾乎一樣，絕對可以得到味蕾上的滿足。

材料

無糖可可粉 … 30g　　泡打粉 … 1/2 小匙
全蛋 … 1 顆　　　　　海鹽 … 少許
赤藻糖醇 … 30g　　　無糖花生醬 … 20g
鮮奶油 … 30g

每 1 個 （約70g）	
淨碳水化合物	**4** g
碳水化合物	**4** g
脂肪	**16.2** g
蛋白質	**10.9** g
膳食纖維	**0** g
熱量	**205** kcal

作法

1　烤箱先以 190℃進行預熱。

2　利用篩網將可可粉過篩。

3　取一鋼盆，放入粉類材料（可可粉、泡打粉）混合均勻。

4　取另一鋼盆，放入雞蛋、鮮奶油。

5　將步驟 4 的材料倒入步驟 3 裡，攪拌混和均勻。

6.　將麵糊倒入模型的一半高度，分別加入 10g 花生醬後，再倒入麵糊填滿，放入冰箱冷凍 15 分鐘。

7　將模型放入烤箱烘烤 15 分鐘，小心不要過度烘烤。

> **Tips1** 如烘烤過久蛋糕體中心熟透時，就無法製造出熔岩的效果囉！
>
> **Tips2** 每個烤箱品牌溫度、時間不太一樣，模的大小厚度也會影響烘烤時間，最準確的作法是用蛋糕測試針測試熟的程度。
>
> **Tips3** 烘烤出爐後靜置放涼後，可依個人喜好撒上糖粉裝飾。

成分檢視		適合飲食法		血糖測試 OK
無麩質	✓	低碳 / 低醣	✓	測試人：鄭廷意 職　業：護理師
無杏仁粉	✓	生酮	✓	● 空腹狀態與食用 100g 巧克力花生蛋糕一小時後的血糖值，相差 3mg/dL，此個案測試結果血糖振盪幅度小。
無雞蛋		根治	✓	● 此為個案血糖實測結果，數據僅供參考。
無精緻糖	✓	低 GI	✓	

空腹血糖值 101mg/dL　　食用後血糖值 104mg/dL

②

⑤

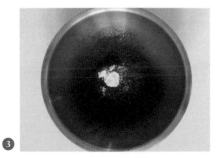
③

⑥

④

這樣吃最好吃

1. 烘烤出爐、置於室溫 24 小時內的食用風味最好喔！

2. 烘焙成品無添加防腐劑，若吃不完建議放於密封袋再放入冰箱冷藏，約可保存 2 天，並盡快食用完畢。

3. 從冰箱取出即可直接食用，口感約可回復八成，不建議再度加熱。

總克數	製作分量
350 g	**1** 條（約 14.5×5×6cm）

藍莓磅蛋糕

這一款磅蛋糕製作容易、成功率高，只要將材料混合在一起並攪拌均勻，就能完成的高級甜點。藍莓的微酸口感搭配上蛋糕的香氣，是非常棒的下午茶享受喔！

每1片 （約50g）	
淨碳水化合物	**2.7** g
碳水化合物	**4.5** g
脂肪	**14.8** g
蛋白質	**5.7** g
膳食纖維	**1.8** g
熱量	**168.5** kcal

材料

杏仁粉 … 86g
椰子細粉 … 7g
無鋁泡打粉 … 1 小匙
赤藻糖醇 … 30g
無鹽奶油 … 20g
鮮奶油 … 28g
奶油乳酪 … 57g

全蛋 … 2 顆
藍莓 … 50g
赤藻糖醇 … 5g

頂部糖霜
　赤藻糖醇 … 50g
　水 … 1 大匙

成分檢視		適合飲食法		血糖測試 OK
無麩質	✔	低碳 / 低醣	✔	測試人：陳美玲　職　業：諮詢師
無杏仁粉		生酮	✔	● 空腹狀態與食用 100g 藍莓磅蛋糕一小時後的血糖值，相差 16mg/dL，此個案測試結果血糖振盪幅度小。
無雞蛋		根治	✔	
無精緻糖	✔	低 GI	✔	● 此為個案血糖實測結果，數據僅供參考。　空腹血糖值 116mg/dL　食用後血糖值 100mg/dL

作法

1 　烤箱先以 175℃進行預熱。

2 　取一鋼盆，放入粉類材料（杏仁粉、
　　椰子細粉、泡打粉）混合均勻。

3 　取另一鋼盆將室溫軟化奶油與赤藻
　　糖醇打成乳霜狀。

4 　以微波或隔水加熱的方式軟化奶油
　　乳酪。

5 　將奶油乳酪、鮮奶油、倒入步驟 3
　　乳霜狀奶油鋼盆內，用打蛋器攪拌
　　均勻備用。

6 　將兩顆雞蛋分兩次加入乳酪糊裡攪
　　拌均勻。

7 　將藍莓洗淨、擦乾（不用到完全乾
　　燥），再與 10g 赤藻糖攪拌一下。

8 　將步驟 2 的粉料盆倒入步驟 6 的乳
　　酪糊中攪拌均勻。

9 　在模具裡鋪上烘焙紙，並倒入一半
　　高度的麵糊。

10　將藍莓平鋪在麵糊上，再倒入剩下的麵糊並用刮刀將表面修飾平整。

11　放入烤箱烘烤 15 分鐘後取出，再放上剩下的藍莓。

12　以 175℃烘烤 15 分鐘，再以 140℃烘烤 30 分鐘，直到表面呈現金黃色澤即可。

Tips1　烘烤出爐待完全冷卻再脫模。

Tips2　可用蛋糕測試棒測試蛋糕體是否烤熟，或以筷子插入蛋糕中央，如無沾黏即可。

13　準備一個小鍋，放入赤藻糖醇、水煮至 110℃（表面冒出小泡泡的程度），讓赤藻糖完全溶解。

14　待蛋糕冷卻後，將糖霜塗在表面。

⑩

⑪　⑬

⑭

這樣吃最好吃

1. 烘烤出爐、置於室溫 24 小時內的食用風味最好喔！

2. 烘焙成品無添加防腐劑，若吃不完建議切片後放於密封袋再放入冰箱冷藏，約可保存 2 天，並盡快食用完畢。

3. 從冰箱取出食用時，可放置室溫回溫或微波加熱。

COLUMN

總克數
200 g

製作分量
1 個（6 吋空心模）

古早味咖啡蛋糕

這款蛋糕吃起來相當柔軟，口感像極了古早味蛋糕，加上香濃的咖啡內餡，層次的味道豐富了味蕾的享受，是我個人非常喜愛的一款蛋糕。

材料

蛋糕體

- 乳清蛋白粉 … 10g
- 泡打粉 … 1/2 小匙
- 全蛋 … 3 顆
- 奶油乳酪 … 84g
- 赤藻糖醇 … 25g

內餡

- 杏仁粉 … 30g
- 咖啡粉 … 2g
- 無鹽奶油 … 30g
- 赤藻糖醇 … 10g

每 1 份	（約33g）
淨碳水化合物	**1.5** g
碳水化合物	**2** g
脂肪	**14.3** g
蛋白質	**7.3** g
膳食纖維	**0.5** g
熱量	**162.6** kcal

食用分量約為 1/6 個

成分檢視		適合飲食法		血糖測試 OK	
無麩質	✓	低碳 / 低醣	✓	測試人：黃仁怡 職 業：護理師	
無杏仁粉		生酮	✓	● 空腹狀態與食用 100g 咖啡蛋糕一小時後的血糖值，相差 8mg/dL，此個案測試結果血糖振盪幅度小。	FreeStyle Optium 107 / FreeStyle Optium 115
無雞蛋		根治	✓		
無精緻糖	✓	低 GI	✓	● 此為個案血糖實測結果，數據僅供參考。	空腹血糖值 107mg/dL / 食用後血糖值 115mg/dL

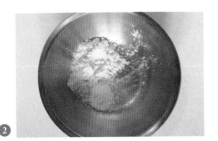

1　烤箱先以 170℃進行預熱。

2　取一鋼盆，放入粉類材料（乳清蛋糕、泡打粉）混合均勻備用。

3　將蛋黃與蛋白分開；微波或隔水加熱奶油乳酪，使其軟化。

4　將奶油乳酪與蛋黃用打蛋器打散。

5　加入步驟 2 的粉類材料，充分攪拌均勻。

> **Tips**　乳清蛋白粉要最後再加入蛋黃糊內，因為它會使蛋黃糊變得非常濃稠。

6　準備另一鋼盆，放入內餡的所有材料（杏仁粉、咖啡粉、無鹽奶油、赤藻糖醇），手捏混合成團後備用。

> **Tips**　可隨個人喜好增減咖啡粉的用量。

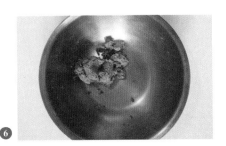

7　打發蛋白。將蛋白放入鋼盆裡，再分三次將赤藻糖醇加入，利用電動攪拌器打至硬性發泡（打蛋器提起時末端呈現小尖狀）。

　　Tips　打發蛋白的過程要分次加入糖，才能讓打發的蛋白更為細緻。

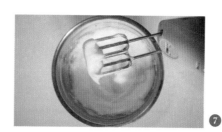

8　將 1/3 蛋白霜倒入步驟 5 的蛋黃糊內，以切拌的方式攪拌。

9　將攪拌好蛋黃糊倒入剩下蛋白盆內，繼續以切拌的方式拌勻。

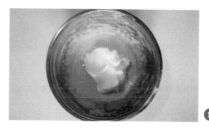

10　將烤模鋪上烘焙紙，將麵糊倒入，再將步驟 6 的咖啡塊隨意捏成小塊，加在表面上，放入烤箱烘烤 20 ～ 30 分鐘。

　　Tips1　咖啡塊依輕重大小，有的會沈到底部或中間。

　　Tips2　冷卻後的蛋糕體會有些塌陷，為正常現象。

這樣吃最好吃

1. 烘烤出爐 24 小時內的食用口感與風味最好喔！

2. 烘焙成品無添加防腐劑，若吃不完建議放於密封袋再放入冰箱冷藏，約可保存 2 天，並盡快食用完畢。

3. 放於室溫回溫即可直接食用，口感約可保持剛出爐時的八成。不建議再進行加熱動作。

檸檬圓頂小蛋糕

總克數	製作分量
280 g	**14** 個（直徑約 3.5cm）

有一天朋友送我一盒檸檬圓頂小蛋糕，讓我想起之前也有做過類似的口味，帶點「酸 V 酸 V」的甜點，總是能恰到好處的解饞解膩。

材料

檸檬球

- 檸檬汁 … 55g
- 檸檬皮屑 … 1 顆
- 羅漢果糖 … 25g
- 全蛋 … 1 顆
- 蛋黃 … 1 顆
- 無鹽奶油 … 30g
- 牛明膠粉 … 10g
- 水 … 5g

塔皮

- 杏仁粉 … 28g
- 椰子細粉 … 28g
- 黃金亞麻仁籽粉 … 10g
- 全蛋 … 1 顆
- 無鹽奶油 … 35g
- 羅漢果糖 … 少許
- 香草精 … 1/4 小匙

鏡面淋醬

- 水 … 90g
- 羅漢果糖 … 50g
- 牛明膠粉 … 10g

每 1 個 （約20g）	
淨碳水化合物	**1.1** g
碳水化合物	**2.2** g
脂肪	**6.6** g
蛋白質	**3.5** g
膳食纖維	**1.1** g
熱量	**81.2** kcal

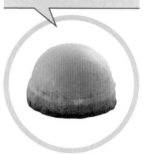

成分檢視		適合飲食法		血糖測試 OK
無麩質	✔	低碳 / 低醣	✔	測試人：周書宇 職　業：上班族
無杏仁粉		生酮	✔	● 空腹狀態與食用 100g 檸檬圓頂小蛋糕一小時後的血糖值，相差 7mg/dL，此個案測試結果血糖振盪幅度小。
無雞蛋		根治	✔	
無精緻糖	✔	低 GI	✔	● 此為個案血糖實測結果，數據僅供參考。

空腹血糖值
89mg/dL

食用後血糖值
82mg/dL

作法

A　製作檸檬球

1　取一小碗，將牛明膠粉加 5g 水混和攪拌備用。

2　取一鋼盆，將檸檬皮屑與赤藻糖醇混和攪拌。

3　取另一鋼盆，將雞蛋、蛋黃、檸檬汁、融化奶油攪拌均勻，再倒入步驟 2 的糖粉攪拌均勻。

4　隔水加熱檸檬醬大約至 70～75℃，離火。

　　Tips　隔水加熱過程中，需不斷攪拌。

5　拌入步驟 1 的牛明膠凍。

6　將檸檬醬過篩後，裝填入擠花袋內，擠到矽膠模中，冷凍 1 小時備用。

　　Tips　選用的模具是製作棒棒糖用的矽膠模，直徑約 3.5 公分。

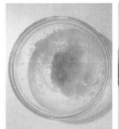

❶　　　　　　❷

❸　　　　　　❹

❺　　　　　　❽

B 製作塔皮

7 將烤箱預熱以 170℃進行預熱。
取一鋼盆加入粉類材料（杏仁粉、
椰子細粉、黃金亞麻仁籽粉）。

8 取另一鋼盆加入蛋、羅漢果糖、香
草精，用打蛋器攪拌均勻，再加入
粉類盆中混合攪拌。

9 加入奶油，用手捏成團狀，靜置 10
分鐘後，壓出自己想要的大小形狀。

> **Tips1** 塔皮剛開始捏時會黏手，可以戴
> 上手套，或靜置後就比較不會黏
> 手了。

> **Tips2** 塔皮是用自製模具壓出來的（厚
> 紙板繞一圈），以搭配檸檬球大
> 小，如果有其適合的模具也可以
> 使用。

10 放入進烤箱烘烤 15 分鐘。

C 製作淋醬

11 取一小鍋，將羅漢果糖與水以小火
煮到融化。

12 將煮好的糖水沖入裝有牛明膠粉的
容器內，混和均勻後，靜置冷卻，
糖漿即完成。

13 取出步驟 6 的檸檬球，反覆淋上鏡
面糖漿兩次。

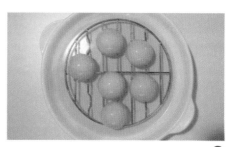

14 在塔皮上視個人喜好擠上內餡，再
放上檸檬球，放入冰箱冷藏 1 小時。

> **Tips** 餡料可用打發鮮奶油、卡士達醬
> 或馬斯卡彭乳酪，隨個人喜愛變
> 化喔！

Part 4

餅乾小點
——止飢解饞，滿足咀嚼的口感

偶爾想念餅乾的酥脆口感，想念綿密鮮奶油與香濃巧克力，
想要一口咬下甜蜜滋味又不會有罪惡感的甜點。
低醣版改良口味的餅乾點心，一樣美味，
不用擔心碳水量超載、更加無負擔。

總克數	製作分量
200 g	*24* 片

傳統雞蛋糕

在台灣的路邊、夜市裡常會看到賣雞蛋糕的小攤販，撲鼻的香氣、可愛的造型，不管大人小孩都會被吸引。將此款大家熟悉的小點心改良成低醣版，讓健康與幸福感同時提升！

材料

杏仁粉 … 30g
椰子細粉 … 7.5g
泡打粉 … 1 小匙
奶油乳酪 … 86g

赤藻糖醇 … 25g
全蛋 … 3 顆

每 1 個	（約8.3g）
淨碳水化合物	*0.4* g
碳水化合物	*0.6* g
脂肪	*2.6* g
蛋白質	*115* g
膳食纖維	*0.2* g
熱量	*31.3* kcal

成分檢視		適合飲食法		血糖測試 OK
無麩質	✓	低碳 / 低醣	✓	測試人：郭玹君 職　業：護理師
無杏仁粉		生酮	✓	● 空腹狀態與食用 100g 雞蛋糕一小時後的血糖值，相差 5mg/dL，此個案測試結果血糖振盪幅度小。
無雞蛋		根治	✓	
無精緻糖	✓	低 GI	✓	● 此為個案血糖實測結果，數據僅供參考。

空腹血糖值 80mg/dL　　食用後血糖值 85mg/dL

作法

1. 取一鋼盆，放入粉類材料（杏仁粉、椰子細粉、泡打粉）混合均勻。

2. 以微波或隔水加熱的方式軟化奶油乳酪。

3. 取另一鋼盆，將雞蛋、赤藻糖醇用打蛋器打至滑順無顆粒。

4. 將軟化奶油乳酪倒入蛋黃糊中攪拌均勻。

5. 在模具內刷上一層薄薄的奶油（材料分量外），雞蛋糕模插電預熱。

6. 將步驟 1 的粉類材料倒入乳酪糊內攪拌均勻。

7. 將麵糊倒入雞蛋糕模具或甜甜圈模倒至全滿，再進行烘烤。

   Tips1 除了雞蛋糕機，家裡有鬆餅機也可試試看喔！

   Tips2 因為麵糊本身比較無蓬鬆度，倒入模型時一定要倒至全滿，避免頂部因麵糊無膨脹力而受熱不均。可翻式鬆餅模就不會有這個問題。

   Tips3 每個雞蛋糕模需要的烘烤時間不大相同，請依個別不同調整。

   Tips4 麵糊每次要倒入模型前，可再用攪拌棒或打蛋器攪打蓬鬆。

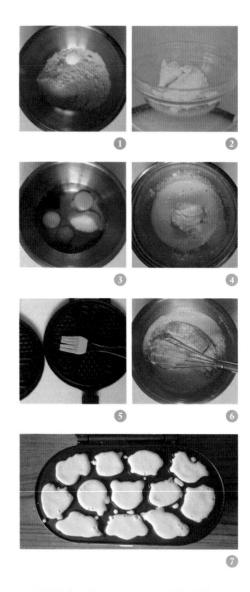

這樣吃最好吃

1. 剛烤好的雞蛋糕比較濕軟，烤好後在室溫放涼或以電風扇吹涼後，口感最好。

2. 烘焙成品無添加防腐劑，若吃不完建議切片後放於密封袋再放入冰箱冷藏，約可保存 2 天，並盡快食用完畢。

3. 從冰箱取出食用時，放入烤箱以 100℃加熱 5 分鐘，口感約可回復八成。

總克數
300 g

製作分量
21 片（約 3×7cm）

偽蘇打餅

酥酥脆脆的餅乾真的是休息片刻的好朋友，一不小心就會一片接著一片。這一款偽蘇打餅是在研發的過程，無意間發現的脆餅，可以讓人心滿意足地享用，也不擔心碳水超載。

材料

杏仁粉 … 56g
黃金亞麻仁籽粉 … 60g
海鹽 … 1/2 小匙
莫扎瑞拉乳酪 … 100g
奶油乳酪 … 50g
全蛋 … 1 顆

每 1 片	（約14g）
淨碳水化合物	0.6 g
碳水化合物	1.5 g
脂肪	4.6 g
蛋白質	3 g
膳食纖維	0.9 g
熱量	58.6 kcal

作法

1 烤箱先以 170℃進行預熱。

2 以微波或隔水加熱的方式軟化莫扎瑞拉乳酪、奶油乳酪。

3 取一鋼盆，放入粉類材料（杏仁粉、黃金亞麻仁籽粉、海鹽）混合均勻。

4 將步驟 2 的加熱乳酪加入粉類材料盆中、手捏成團。

5 待麵糰降溫後加入蛋液，用手捏拌混和。

6 將烘焙紙平鋪於桌面上，放上麵糰，用手掌稍微壓扁，再蓋上烘焙紙，用擀麵棍將麵糰擀平。

Tips　麵糰厚度不要超過 0.5 公分。

7 將麵糰切割成想要的大小或壓模。

8 放入烤箱先以 170℃烘烤 10 分鐘，轉面以 160℃烘烤 8 分鐘後，再悶 5 分鐘，待餅乾表面呈現金黃色、摸起來有硬度即可出爐。

成分檢視		適合飲食法	
無麩質	✓	低碳 / 低醣	✓
無杏仁粉		生酮	✓
無雞蛋		根治	✓
無精緻糖	✓	低 GI	✓

血糖測試 OK

測試人：陳政儀
職　業：上班族

● 空腹狀態與食用 100g 偽蘇打餅一小時後的血糖值，相差 13mg/dL，此個案測試結果血糖振盪幅度小。

● 此為個案血糖實測結果，數據僅供參考。

空腹血糖值	食用後血糖值
98 mg/dL	85mg/dL

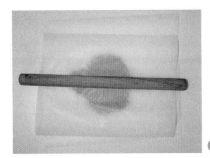

這樣吃最好吃

1. 餅乾出爐後需放涼，可增加餅乾的脆度，並裝入密封罐中以維持食用口感。

2. 烘焙成品無添加防腐劑，若吃不完建議放於密封袋再放入冰箱冷藏，約可保存 2 天，並盡快食用完畢。

3. 從冰箱取出後，可放入烤箱以 100℃回烤 5 分鐘。

總克數	製作分量
300 g	*23* 片（約 3×7cm）

奇亞籽餅乾

奇亞籽富含豐富的 Omega-3，可減少罹患心血
管疾病的風險，磨成細粉做成餅乾，咬起來齒
頰留香，還有淡淡的偽茶香味。

（材料）

杏仁粉 … 56g
奇亞籽細粉 … 70g
海鹽 … 1/2 小匙
莫扎瑞拉乳酪 … 100g
奶油乳酪 … 50g
全蛋 … 1 顆

每 **1** 片	（約13g）
淨碳水化合物	*0.7* g
碳水化合物	*1.8* g
脂肪	*4.3* g
蛋白質	*2.7* g
膳食纖維	*1.1* g
熱量	*54.7* kcal

成分檢視		適合飲食法		血糖測試 OK
無麩質	✓	低碳 / 低醣	✓	測試人：陳詩萍　　職　業：上班族
無杏仁粉		生酮	✓	● 空腹狀態與食用 100g 奇亞籽餅乾一小時後的血糖值，相差 13mg/dL，此個案測試結果血糖振盪幅度小。
無雞蛋		根治	✓	
無精緻糖	✓	低 GI	✓	● 此為個案血糖實測結果，數據僅供參考。

空腹血糖值	食用後血糖值
85mg/dL	98mg/dL

作法

1 烤箱先以 170℃進行預熱。

2 以微波或隔水加熱的方式軟化莫扎瑞拉乳酪、奶油乳酪。

3 取一鋼盆,放入粉類材料（杏仁粉、奇亞籽粉、海鹽）混合均勻。

4 將步驟 2 的加熱乳酪加入粉類材料盆中、手捏成團。

5 待麵糰降溫後加入蛋液,用手捏拌混和。

6 將烘焙紙平鋪於桌面上,放上麵糰,用手掌稍微壓扁,再蓋上烘焙紙,用擀麵棍將麵糰擀平。

   Tips 麵糰厚度不要超過 0.5 公分。

7 將麵糰切割成想要的大小或壓模。

8 放入烤箱先以 170℃烘烤 10 分鐘,轉面以 160℃烘烤 8 分鐘後,再悶 5 分鐘,待餅乾表面呈現金黃色、摸起來有硬度即可出爐。

這樣吃最好吃

1. 餅乾出爐後需放涼,可增加餅乾的脆度,並裝入密封罐中以維持食用口感。

2. 烘焙成品無添加防腐劑,若吃不完建議放於密封袋再放入冰箱冷藏,約可保存 2 天,並盡快食用完畢。

3. 從冰箱取出後,可放入烤箱以 100℃回烤 5 分鐘。

COLUMN

總克數	製作分量
400 g	*18* 個（直徑約 4cm）

小泡芙

一口吃下小泡芙，立即能感受到冰涼的爆醬內餡在口中綻放，
帶來滿滿幸福感。除了經典的卡士達風味，還可以隨個人喜好
替換成鮮奶油、抹茶等口味。

乳清蛋白粉 … 45g
海鹽或玫瑰鹽 … 1.5g
赤藻糖醇 … 5g
全蛋 … 6 顆

卡士達醬

- 鮮奶油 … 100g
- 香草莢 … 5cm
- 蛋黃 … 1 顆
- 椰子細粉 … 2g
- 羅漢果糖 … 15g

每 1 個（約22g）

淨碳水化合物	**0.8** g
碳水化合物	**0.8** g
脂肪	**4.2** g
蛋白質	**11.6** g
膳食纖維	**0** g
熱量	**60.4** kcal

作法

1　烤箱先以 190℃ 進行預熱。

2　將蛋白與蛋黃分離。

3　利用電動打蛋器打發蛋白，直到將打蛋器拿起時呈現小尖狀。

4　取一鋼盆，在蛋黃盆中加入玫瑰鹽攪拌均勻。

5　在蛋黃盆中加入過篩的乳清蛋白粉，攪拌均勻。

Tips　乳清蛋白加入蛋黃糊時會變得很黏稠，請務必仔細攪拌均勻。

成分檢視		適合飲食法		血糖測試 OK
無麩質	✓	低碳 / 低醣	✓	測試人：陳詩蕙　職　業：上班族
無杏仁粉	✓	生酮	✓	● 空腹狀態與食用 100g 泡芙一小時後的血糖值，相差 7mg/dL，此個案測試結果血糖振盪幅度小。
無雞蛋		根治	✓	● 此為個案血糖實測結果，數據僅供參考。
無精緻糖	✓	低 GI	✓	空腹血糖值 85mg/dL　食用後血糖值 92mg/dL

②　　　　　　　　　　　　　③

6　加入步驟 3 的打發蛋白，持續攪拌
　　至呈現蛋黃色。

7　在模具內塗上奶油或鋪上烘焙紙，
　　放入烤箱烘烤 15 分鐘。

8　烘烤出爐取出冷卻後，再從中間對
　　半剖開備用。

9　製作卡士達醬，作法請見 p.32，擠
　　入泡芙中間作為夾餡即可。

　　Tips　除了卡士達內餡，也可以隨個人
　　　　　喜好換成打發鮮奶油或其他口味
　　　　　慕斯。

④　　　　　　　　　　　　　⑤

⑥

這樣吃最好吃

1. 將製作好的泡芙冰鎮 1 小時，口感會更好喔！

2. 烘焙成品無添加防腐劑，若吃不完建議放於密封袋再放入冰箱冷藏，約可保
存 2 天，並盡快食用完畢。

3. 從冰箱取出時，將泡芙體放入烤箱以 100℃加熱 5 分鐘，可增加脆度。

總克數
200 g

製作分量
30 片

薑餅

濃濃的肉桂香裡帶有淡淡的薑味，是一款充滿聖誕節氣氛的餅乾。
肉桂粉、荳蔻粉、薑的比例，可以視個人喜好調整。

(材料)

杏仁粉 … 200g	赤藻糖醇 … 45g
椰子細粉 … 15g	生薑 … 20g
黃金亞麻仁籽粉 … 8g	糖漿 … 1 大匙
肉桂粉 … 4g	（赤藻糖醇 20g ＋水 5g）
荳蔻粉 … 1/2 小匙	椰子油 … 30g
鹽 … 少許	全蛋 … 1 顆

每1個	（約6.6g）
淨碳水化合物	**0.6** g
碳水化合物	*1.6* g
脂肪	*4.9* g
蛋白質	*1.8* g
膳食纖維	0.6 g
熱量	*55.3* kcal

(作法)

1　烤箱以 180℃進行預熱。

2　取一鋼盆，放入粉類材料（杏仁粉、椰子細粉、亞麻仁籽細粉、肉桂粉、荳蔻粉、鹽、赤藻糖醇）混合均勻。

3　生薑磨成泥狀後，再用食物剪刀將纖維稍微剪細。

4　製作糖漿。準備一個小鍋子放入 20g 的赤藻糖與 5g 的水攪拌均勻，煮滾後放置一旁備用。

5　準備另一個鋼盆放入椰子油、全蛋、1 大匙糖漿攪拌均勻。

成分檢視		適合飲食法		血糖測試 OK	
無麩質	✓	低碳 / 低醣	✓	測試人：陸穎波 職　業：上班族	
無杏仁粉		生酮	✓	● 空腹狀態與食用 100g 薑餅後一小時的血糖值，相差 5mg/dL，此個案測試結果血糖振盪幅度小。	
無雞蛋		根治	✓	● 此為個案血糖實測結果，數據僅供參考。	
無精緻糖	✓	低 GI	✓	空腹血糖值 92mg/dL	食用後血糖值 87mg/dL

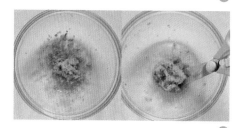

2

6 倒入作法 3 磨好的薑泥，混合均勻。

7 將作法 6 的薑泥蛋液倒入作法 2 的粉類材料中，混合成團後靜置 10 分鐘。

8 用擀麵棍將麵糰擀平整，厚度不要超過 0.5 公分。

9 利用餅乾模將麵糰壓成喜歡的形狀，放入烤箱烘烤 10 ～ 12 分鐘，再取出翻面烘烤 1 分鐘即完成。

> Tips 因為加入生薑泥，所以會有帶有些許纖維，在烤完後以剪刀修飾整理一下。

3

5 **6**

7 **8**

9

這樣吃最好吃

1. 烤完放涼後，放入密封罐內保存。

2. 烘焙成品無添加防腐劑，若吃不完建議密封後再放入冰箱冷藏，約可保存 2 天，並盡快食用完畢。

3. 從冰箱取出食用時，可放入烤箱以 100℃回烤 5 分鐘，口感約可回復八成。

總克數
500 g

製作分量
20 個（約 3×6cm）

檸檬夾心餅乾

在樸實的餅乾裡，抹上滑順的檸檬內餡，綿密的醬料帶著檸檬獨特的香氣在口中化開來，如此新鮮的口感，一點都不難做喔，快來試試看吧！

椰子細粉 ⋯ 160g
黃金亞麻仁籽粉 ⋯ 60g
赤藻糖醇 ⋯ 70g
海鹽 ⋯ 1 小匙
無鹽奶油 ⋯ 110g
全蛋 ⋯ 2 顆

檸檬醬
檸檬汁 ⋯ 60g
赤藻糖醇 ⋯ 30g
全蛋 ⋯ 1 顆
無鹽奶油 ⋯ 15g
香草莢 ⋯ 1cm

每 1 個	（約25g）
淨碳水化合物	**2.5** g
碳水化合物	**6.2** g
脂肪	**5.5** g
蛋白質	**3.1** g
膳食纖維	**3.7** g
熱量	**82.6** kcal

作法

A　製作餅乾

1　烤箱先以 150℃進行預熱。

2　取一鋼盆，放入粉類材料（椰子細粉、亞麻仁籽粉、海鹽）混合均勻。

3　取另一鋼盆，放入雞蛋、赤藻糖醇攪拌均勻。

4　將蛋液倒入步驟 2 的粉類材料盆中攪拌混合。

5　加入室溫軟化的無鹽奶油，再用手捏成團狀。

成分檢視		適合飲食法		血糖測試 OK
無麩質	✓	低碳 / 低醣	✓	測試人：陳苑如 職　業：上班族
無杏仁粉	✓	生酮	✓	● 空腹狀態與食用 100g 檸檬夾心餅乾一小時後的血糖值，相差 9mg/dL，此個案測試結果血糖振盪幅度小。
無雞蛋	✓	根治	✓	
無精緻糖	✓	低 GI	✓	● 此為個案血糖實測結果，數據僅供參考。

空腹血糖值　96mg/dL
食用後血糖值　87mg/dL

6 將烘焙紙平鋪於桌面上，放上麵糰，用手掌稍微壓扁，再蓋上烘焙紙，用擀麵棍將麵糰擀平。

7 將麵糰切割成想要的大小或用模型壓出形狀。

8 放入烤箱以 150℃烘烤 15 分鐘，關火後再悶 5 分鐘，待餅乾表面呈現金黃色、摸起來有硬度即可出爐。

B 製作檸檬醬

9 取一鋼盆，放入雞蛋、檸檬汁、赤藻糖醇、香草莢，以隔水加熱的方式，用小火持續攪拌至溫度約達 70℃離火。

10 待降溫降至 40℃時加入無鹽奶油攪拌均勻。

11 完全冷卻後裝入袋子裡並冷藏備用。食用時再將檸檬醬擠至餅乾上，將兩片餅乾夾在一起就完成了。

這樣吃最好吃

1. 餅乾出爐後需放涼，可增加餅乾的脆度，並裝入密封罐中以維持食用口感。

2. 烘焙成品無添加防腐劑，若吃不完建議放於密封袋再放入冰箱冷藏，約可保存 2 天，並盡快食用完畢。

3. 從冰箱取出食用時，將餅乾單獨放入烤箱以 100℃加熱 5 分鐘，口感約可回復八成。

COLUMN

總克數	製作分量
200 g	*20* 個（長約 8cm）

巧克力棒

香濃巧克力包裹著酥脆餅乾，讓人忍不住一根
接一根，這款改良後的低醣巧克力棒，使用的
苦甜巧克力，呈現出大人的可可風味。

材料

杏仁粉 … 45g
黃金亞麻仁籽粉 … 70g
海鹽 … 1/2 小匙
莫扎瑞拉乳酪 … 100g
奶油乳酪 … 50g
全蛋 … 1 顆

巧克力醬
鮮奶油 … 50g
可可膏 … 30g
香草莢 … 2cm
赤藻糖醇 … 20g

每 1 份	（約10g）
淨碳水化合物	*1.1* g
碳水化合物	*2.1* g
脂肪	*6.4* g
蛋白質	*3.4* g
膳食纖維	*1* g
熱量	*78.9* kcal

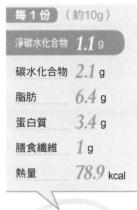

成分檢視		適合飲食法		血糖測試 OK
無麩質	✓	低碳 / 低醣	✓	測試人：蔡子賢　職　業：上班族
無杏仁粉		生酮	✓	● 空腹狀態與食用 100g 巧克力棒一小時後的血糖值，相差 12mg/dL，此個案測試結果血糖振盪幅度小。
無雞蛋		根治	✓	
無精緻糖	✓	低 GI	✓	● 此為個案血糖實測結果，數據僅供參考。

空腹血糖值 90mg/dL　食用後血糖值 78mg/dL

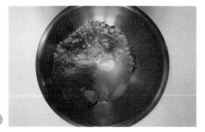

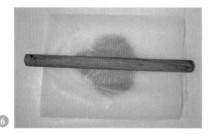

A　製作餅乾

1　烤箱先以 140℃進行預熱。

2　以微波或隔水加熱的方式軟化莫扎瑞拉乳酪、奶油乳酪。

3　取一鋼盆，放入粉類材料（杏仁粉、黃金亞麻仁籽粉、海鹽）混合均勻。

4　將步驟 2 的加熱乳酪加入粉類材料盆中、手捏成團。

5　待麵糰降溫後加入蛋液，用手捏拌混和。

6　將烘焙紙平鋪於桌面上，放上麵糰，用手掌稍微壓扁，再蓋上烘焙紙，用**擀**麵棍將麵糰**擀**平。

Tips　麵糰厚度不要超過 0.5 公分。

7　用一個方形模壓出麵糰形狀，再分切出寬度約 0.5 公分的條狀。

8　放入烤箱先以 170℃烘烤 10 分鐘，轉面以 160℃烘烤 8 分鐘後，再悶 5 分鐘，待餅乾表面呈現金黃色、摸起來有硬度即可出爐。

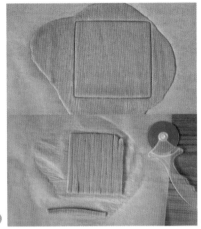

B 製作巧克力醬

9 準備一個小鍋，倒入鮮奶油、赤藻糖醇，以小火加熱。

10 放入香草莢，持續攪拌至赤藻糖完全融化再離火。

11 倒入切碎的可可膏，用刮刀輕柔攪拌均勻。

> Tips1 加入可可膏時，鍋內溫度勿超過50℃。
> Tips2 攪拌可可膏時動作要輕柔。

12 將步驟 A 烤好的餅乾棒沾覆上步驟 B 的巧克力醬，放在塑膠墊上，待全部沾覆好後放入冰箱冷藏2小時。

這樣吃最好吃

1. 餅乾出爐後需放涼，可增加餅乾的脆度，並裝入密封罐中以維持食用口感。
2. 烘焙成品無添加防腐劑，若吃不完建議放於密封袋再放入冰箱冷藏，約可保存 2 天，並盡快食用完畢。
3. 從冰箱取出食用即可食用，不需加熱。

COLUMN

總克數	製作分量
165 g	*7* 個（直徑約 5cm）

乳酪球

金黃色澤的乳酪球，是非常可愛又討喜的小點心。散發出乳酪的濃郁香氣，加上底層餅乾的口感，小小一顆就能獲得大大滿足。

 材料

餅乾底

- 椰子細粉 … 56g
- 杏仁粉 … 56g
- 黃金亞麻仁籽粉 … 60g
- 無鹽奶油 … 75g
- 全蛋 … 1 顆
- 赤藻糖醇 … 2.5g

註：餅乾僅用 20g

乳酪層

- 奶油乳酪 … 70g
- 無鹽奶油 … 15g
- 赤藻糖醇 … 20g
- 蛋黃 … 3 個
- 椰子細粉 … 7.5g

每 1 個	（約23.5g）
淨碳水化合物	*1.6* g
碳水化合物	*2.4* g
脂肪	*13.2* g
蛋白質	*5.2* g
膳食纖維	*0.8* g
熱量	*148* kcal

成分檢視		適合飲食法		血糖測試 OK
無麩質	✓	低碳 / 低醣	✓	測試人：江沛蓉 職　業：護理師
無杏仁粉		生酮	✓	● 空腹狀態與食用 100g 乳酪球一小時後的血糖值，相差 22mg/dL，此個案測試結果血糖振盪幅度小。
無雞蛋		根治	✓	
無精緻糖	✓	低 GI	✓	● 此為個案血糖實測結果，數據僅供參考。

空腹血糖值 99mg/dL　食用後血糖值 77mg/dL

A 製作餅乾底

1 烤箱先以 175℃進行預熱。

2 取一鋼盆,放入粉類材料(椰子細粉、杏仁粉、黃金亞麻仁籽粉)混合均勻。

3 奶油隔水加熱溶化後,倒入粉類材料盆中,用手捏拌均勻。

4 準備一個小碗,打入雞蛋、赤藻糖醇,用打蛋器打至起泡後,將蛋液加入麵糰中,用手捏成團。

5 將烘焙紙平鋪於桌面上,放上麵糰,用手掌稍微壓扁,再蓋上烘焙紙,用擀麵棍將麵糰擀平。

6 放入烤箱先以 170℃烘烤 10 ～ 15 分鐘,或是直到周圍呈現金黃色澤即可。

7 出爐置涼後,用一個小袋子裝入 20g 餅乾,用擀麵棍壓碎或拍打敲碎。

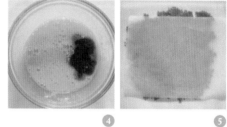

8 取一鋼盆,將碎餅乾、10g 融化奶油放入,再用湯匙攪拌均勻,讓餅乾屑完全沾覆奶油。

9 將奶油餅乾放入烤模底部,並用湯匙壓密實後,放入冰箱冷藏備用。

> Tips 建議使用矽膠模或是鋁箔塔模較容易脫模。

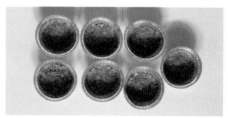

B 製作乳酪層

10 以微波或隔水加熱的方式軟化奶油
乳酪，再加入無鹽奶油用打蛋器打
成乳霜狀。

11 加入赤藻糖醇、分次加入蛋黃，攪
拌均勻。

12 拌入椰子細粉，繼續攪拌均勻。

13 從冰箱取出步驟 A 做好的餅乾層，
將乳酪麵糊倒入後，輕敲桌面以消
除多餘氣泡。

14 放入烤箱先以 180℃烘烤 12 分鐘
後，在表面刷上一層蛋黃液，再以
160℃烘烤 12 分鐘，出爐放涼後再
脫模即可。

    Tips　脫模時動作要輕柔，以免餅乾底
           變得鬆散。

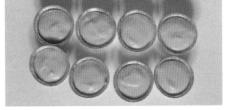

這樣吃最好吃

1. 烘烤出爐 24 小時內的食用口感與風味最好喔！

2. 烘焙成品無添加防腐劑，若吃不完建議放於密封袋再放入冰箱冷藏，約可保
存 2 天，並盡快食用完畢。

3. 從冰箱取出即可食用，不建議再度加熱。

COLUMN

乳酪條

總克數	製作分量
320 g	*4* 個（11×11×5cm 的模型，可切成 4 條）

炎熱的夏天裡，咬下一口冰涼的乳酪條，是相當消暑又讓人滿足的甜點。裝飾上巧克力花紋，包裝起來就成為心意十足的伴手禮。

材料

餅乾底

- 椰子細粉 … 56g
  杏仁粉 … 56g
  黃金亞麻仁籽粉 … 56g
  無鹽奶油 … 170g
  全蛋 … 1 顆
  赤藻糖醇 … 25g
  羅漢果糖 … 1 滴
  無鹽奶油 … 30g

  註：此份食譜只用了 60g 的餅乾底，其餘的可放入冰箱冷凍，可用來製作 p.152 的免烤伯爵重乳酪、p.132 的乳酪球。

乳酪體

- 奶油乳酪 … 140g
  赤藻糖醇 … 25g
  酸奶油 … 15g
  無鹽奶油 … 15g
  全蛋 … 1 顆
  蛋黃 … 1 顆

頂部拉花

無糖可可粉 … 0.5g

每 1 個	（約80g）
淨碳水化合物	*2.2* g
碳水化合物	*3.5* g
脂肪	*25.2* g
蛋白質	*6.7* g
膳食纖維	*1.3* g
熱量	*266.8* kcal

成分檢視		適合飲食法		血糖測試 OK
無麩質	✓	低碳 / 低醣	✓	測試人：張又綺　職　業：護理師
無杏仁粉		生酮	✓	● 空腹狀態與食用 100g 乳酪條一小時後的血糖值，相差 1mg/dL，此個案測試結果血糖振盪幅度小。
無雞蛋		根治	✓	
無精緻糖	✓	低 GI	✓	● 此為個案血糖實測結果，數據僅供參考。

空腹血糖值 87mg/dL　　食用後血糖值 88mg/dL

A　製作餅乾底

1　烤箱先以 175℃進行預熱。

2　取一鋼盆，放入粉類材料（椰子細
　　粉、杏仁粉、黃金亞麻仁籽粉）混
　　合均勻。

3　奶油隔水加熱溶化後，倒入粉類材
　　料盆中，用手捏拌均勻。

4　準備一個小碗，打入雞蛋、赤藻糖
　　醇，用打蛋器打至起泡後，將蛋液
　　加入麵糰中，用手捏成團。

5　將烘焙紙平鋪於桌面上，放上麵糰，
　　用手掌稍微壓扁，再蓋上烘焙紙，
　　用擀麵棍將麵糰擀平。

6　放入烤箱先以 170℃烘烤 10 ～ 15
　　分鐘，或是直到周圍呈現金黃色澤
　　即可。

7　出爐置涼後，用一個小袋子裝入 60g
　　餅乾，用擀麵棍壓碎或拍打敲碎。

8　取一鋼盆，將碎餅乾、30g 融化奶
　　油放入，再用湯匙攪拌均勻，讓餅
　　乾屑完全沾覆奶油。

9　在模型的底層及周圍包覆上鋁箔
　　紙，再放入餅乾屑，並用湯匙壓密
　　實，放入冰箱冷藏備用。

②

③

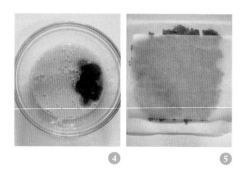

④　　　　⑤

⑦　　　　⑧

⑨

⑩

⑪

⑬

⑫

⑭

B 製作乳酪體

10 在烤箱內放入水深 1 公分的水盤，以 150℃進行預熱。

11 以微波或隔水加熱的方式軟化奶油乳酪，再加入無鹽奶油，用打蛋器打成乳霜狀。

12 加入赤藻糖醇攪拌均勻，再加入蛋黃攪拌均勻。

> Tips 製作乳酪糊時，每加入一樣材料都要攪拌均勻，才能加入下一個。

13 加入打散的蛋液攪拌均勻，再加入酸奶油攪拌均勻。

14 取出一小匙乳酪糊預備做頂部拉花，其他乳酪糊倒入模型後，輕敲桌面以消除氣泡，並用刮刀將表面修飾平整。

15 取一小碗，將一小匙乳酪糊、過篩可可粉加入，攪拌均勻後放入塑膠袋中。

16 將塑膠袋剪一個小缺口，將巧克力糊擠在乳酪糊表面，再利用筷子畫出線條花紋。

17 放入烤箱水盤裡，以 150℃隔水烘烤 20 分鐘，再以 120℃烘烤 25 分鐘。

18 烤好放涼後，放入冰箱冷藏 3 小時，冰透後用一把小刀貼著模型畫一圈即可脫模。

> **Tips**　切條時必需用熱刀切，每切一次刀子需擦拭乾淨再加熱一次，才能切出俐落的線條。

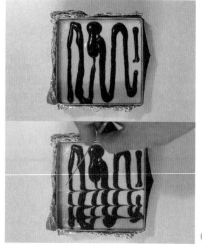

這樣吃最好吃

1. 烘烤出爐 24 小時內的食用口感與風味最好喔！

2. 烘焙成品無添加防腐劑，若吃不完建議放於密封袋再放入冰箱冷藏或冷凍，約可保存 2 天，並盡快食用完畢。

3. 從冰箱取出即可食用，不需要再度加熱。

總克數	製作分量
242 g	*9* 條

櫻花蛋糕條

加入少許的櫻花花瓣，帶來了美麗色澤與淡淡花香，
看起來簡單又優雅，作為送禮小點也相當體面。

杏仁粉 … 30g

椰子細粉 … 7.5g

泡打粉 … 1 小匙

帕馬森起司粉 … 10g

全蛋 … 3 顆

酸奶油 … 65g

融化無鹽奶油 … 30g

赤藻糖醇 … 25g

鹽漬櫻花 … 18 朵

每 1 條（約27g）

淨碳水化合物	**1.1** g
碳水化合物	**1.8** g
脂肪	**8.7** g
蛋白質	**5.1** g
膳食纖維	**0.7** g
熱量	**106** kcal

1 將鹽漬櫻花用溫水浸泡 2 小時，再取出放在餐巾紙上吸乾備用。

> Tips　鹽漬櫻花一定要泡過水，以淡化鹽分。

2 烤箱先以 160℃進行預熱。

3 取一鋼盆，放入粉類材料（杏仁粉、椰子細粉、泡打粉、帕馬森起司粉）混合均勻。

> Tips　帕瑪森起司可視個人喜好增減。

4 準備另一鋼盆，加入蛋、赤藻糖醇、酸奶油、融化無鹽奶油，用打蛋器攪打均勻。

5 將鹽漬櫻花放入模型中，並將花瓣舒展開來。

6 將步驟 3 的粉類材料倒入步驟 4 的蛋液盆中，攪拌均勻。

7 將麵糊倒入模型裡，以 160℃烘烤 12 ～ 15 分鐘，烘烤出爐置涼後再脫模。

成分檢視		適合飲食法	
無麩質	✓	低碳 / 低醣	✓
無杏仁粉		生酮	✓
無雞蛋		根治	✓
無精緻糖	✓	低 GI	✓

血糖測試 OK

測試人：廖先生

職　業：療養機構負責人

- 空腹狀態與食用 100g 櫻花蛋糕一小時後的血糖值，相差 9mg/dL，此個案測試結果血糖振盪幅度小。
- 此為個案血糖實測結果，數據僅供參考。

空腹血糖值	食用後血糖值
91mg/dL	82mg/dL

①

⑤

③

⑥

④

⑦

這樣吃最好吃

1. 烘烤出爐 24 小時內的食用口感與風味最好喔！

2. 烘焙成品無添加防腐劑，若吃不完建議放於密封袋再放入冰箱冷藏，約可保存 2 天，並盡快食用完畢。

3. 放於室溫回溫即可直接食用，口感約可保持剛出爐時的八成。

COLUMN

Part 5

免烤甜點

——免開火，快速完成的即食點心

不用花時間揉麵糰、預熱烤箱，

想吃甜點時，準備好材料，

攪一攪、拌一拌，放入冰箱，

輕鬆快速品嚐美味點心。

總克數
100 g

製作分量
10 個

白巧克力

這道相當簡單的白巧力，是利用純可可脂製作。可可脂是可可豆仁研磨製成過程中產生的獨特油脂，最大的好處是具有天然抗氧化劑，是穩定且易保存的脂肪，選購時請選擇有標注天然純可可脂（未脫臭）的字樣。

每 **1** 個	（約 10g）
淨碳水化合物	*0.1* g
碳水化合物	*0.1* g
脂肪	*6.4* g
蛋白質	*0.0* g
膳食纖維	*0.0* g
熱量	*58.2* kcal

 材料

可可脂 … 50g
鮮奶油 … 40g
赤藻糖醇 … 50g
玫瑰鹽 … 少許

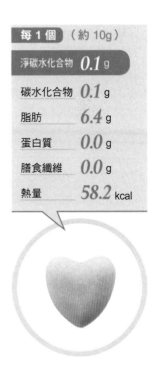

成分檢視		適合飲食法		血糖測試 OK
無麩質	✓	低碳 / 低醣	✓	測試人：黃惠如　職　業：護理師
無杏仁粉	✓	生酮	✓	● 空腹狀態與食用 100g 白巧克力後一小時的血糖值，相差 2mg/dL，此個案測試結果血糖振盪幅度小。
無雞蛋	✓	根治	✓	● 此為個案血糖實測結果，數據僅供參考。
無精緻糖	✓	低 GI	✓	空腹血糖值 91mg/dL　食用後血糖值 89mg/dL

（作法）

1 取一鋼盆放入可可脂並隔水加熱。

　　Tips 天然可可脂呈現淡黃色，並散發
　　　　　出天然可可香。

2 取一小鍋，放入赤藻糖醇，以小火
加熱至變成液狀。

　　Tips 注意火不能開太大，以免燒焦。

3 將糖水加入可可脂內攪拌均勻。

4 加入鮮奶油、玫瑰鹽攪拌均勻，白
巧克力醬即完成。

5 將白巧克力醬以濾網過篩，並倒入
模型中。

　　Tips 一定要充分攪拌均勻並過篩，做
　　　　　出來的巧克力才會滑順。

6 放入冰箱冷凍 6 小時即完成。

❶

❷

❸

❹

❺

❻

COLUMN

這樣吃最好吃

成品無添加防腐劑，若吃不完建議放於密封袋再放入冰箱冷藏，約可保存 2 天，
並盡快食用完畢。

總克數
220 g

製作分量
9 個

港式雪花糕

冰冰涼涼、入口即化的雪花糕一直是讓我念念不忘的港式甜點。這款
主要以椰奶、鮮奶油、牛奶製作而成的雪花糕,簡單又美味。

材料

鮮奶油 … 100g　　牛明膠粉 … 8g
椰奶 … 50g　　　水 … 60g
無鹽奶油 … 10g
赤藻糖醇 … 20g

每 1 個 （約25g）	
淨碳水化合物	**0.4** g
碳水化合物	**0.4** g
脂肪	**6.2** g
蛋白質	**1.9** g
膳食纖維	**0** g
熱量	**64.7** kcal

作法

1　取一小碗，將牛明膠粉浸泡在 60g 的水中。

2　取一小鍋將鮮奶油、赤藻糖醇用小鍋煮到糖完全溶解，離火。

3　加入椰奶、奶油攪拌均勻。

　　　Tips　奶油可視個人喜好添加，加入後口感會較為滑順。

4　加入步驟 1 的牛明膠凍。

5　將雪花糕液利用篩網過篩後，倒入模型中放入冰箱冷藏一晚。

　　　Tips　冰鎮一晚會比較容易脫模。

6　隔天取出倒扣，切成小塊，沾椰子絲享用。

成分檢視		適合飲食法		血糖測試 OK
無麩質	✓	低碳 / 低醣	✓	測試人：曾百慶 職　業：公司老闆
無杏仁粉	✓	生酮	✓	● 空腹狀態與食用 100g 雪花糕一小時後的血糖值，相差 13mg/dL，此個案測試結果血糖振盪幅度小。
無雞蛋	✓	根治	✓	● 此為個案血糖實測結果，數據僅供參考。
無精緻糖	✓	低 GI	✓	空腹血糖值　食用後血糖值 86mg/dL　　99mg/dL

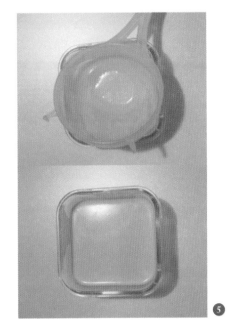

這樣吃最好吃

1. 放入冰箱，冰冰涼涼的食用風味最好喔！

2. 成品無添加防腐劑，若吃不完建議放於密封袋再放入冰箱冷藏，約可保存 2 天，並盡快食用完畢。

總克數	製作分量
340 g	*1* 個（4 吋圓模）

伯爵重乳酪蛋糕

食譜中的克菲爾（kefir）為奶克濾出乳清後的產物，可自行培養或購買克菲爾菌種製作。

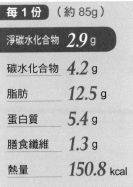

每 1 份	（約 85g）
淨碳水化合物	*2.9* g
碳水化合物	*4.2* g
脂肪	*12.5* g
蛋白質	*5.4* g
膳食纖維	*1.3* g
熱量	*150.8* kcal

 材料

餅乾底

- 椰子細粉 … 56g
- 杏仁粉 … 56g
- 黃金亞麻仁籽粉 … 60g
- 無鹽奶油 … 75g
- 全蛋 … 1 顆
- 赤藻糖醇 … 2.5g

  註：餅乾僅用 40g

乳酪體

- 克菲爾 … 135g
- 酸奶油 … 80g
- 鮮奶油 … 50g
- 檸檬汁 … 5g
- 香草莢 … 1/3 根
- 伯爵茶葉 … 5g
- 赤藻糖醇 … 35g
- 牛明膠粉 … 2g

食用分量約為 1/4 個

成分檢視		適合飲食法		血糖測試 OK	
無麩質	✔	低碳 / 低醣	✔	測試人：歐亦珊 職　業：護理師	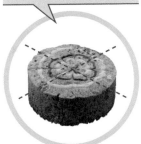
無杏仁粉		生酮	✔	● 空腹狀態與食用 100g 白巧克力後一小時的血糖值，相差 1mg/dL，此個案測試結果血糖振盪幅度小。	
無雞蛋		根治	✔		
無精緻糖	✔	低 GI	✔	● 此為個案血糖實測結果，數據僅供參考。	空腹血糖值 94mg/dL　食用後血糖值 93mg/dL

作法

A　製作餅乾底

1　餅乾底的製作方式請參考 p.138 步驟 1～9。

B　製作乳酪體

2　取一鋼盆倒入克菲爾、酸奶油攪拌均勻。

②　　　　**③**

3　倒入檸檬汁攪拌均勻後備用。

4　取一個小鍋子，倒入鮮奶油、赤藻糖醇、磨成粉的伯爵茶葉、香草莢，以小火煮到周圍冒起小泡泡，離火並取出香草莢。

5　加入牛明膠粉攪拌均勻。

④　　　　**⑤**

6　將伯爵奶茶倒入奶克乳酪糊裡攪拌均勻，倒入鋪上餅乾底的模型中，放入冰箱冷藏至少 6 小時。

　　Tips　可以個人喜好裝飾表面。

7　從冰箱取出後，可用熱毛巾包住模具或是以吹風機熱風吹一下以協助脫模。

　　Tips　建議使用活動式模型，較好脫模。

⑥

COLUMN

這樣吃最好吃　

1. 完成後置於室溫 6 小時內的食用風味最好喔！

2. 成品無添加防腐劑，若吃不完建議放於密封袋再放入冰箱冷藏，約可保存 2 天，並盡快食用完畢。

3. 從冰箱取出時，置於室溫回溫即可食用，口感約可回復八成，不建議再進行加熱。

總克數
130 g

製作分量
8 個

偽金門花生貢糖

常常在廚房裡加一加、拌一拌尋找靈感、研究食譜，玩玩看有什麼
可能。這款貢糖就是無意間搭配出來的成果，只需要微波爐就可以
完成，簡單又美味。

杏仁粉 … 16g　　　赤藻糖醇 … 30g

泡打粉 … 1/4 小匙　　香草精 … 1/2 小匙

無糖花生醬 … 10g　　蛋黃 … 1 顆

無鹽奶油 … 15g

每1個 （約16g）	
淨碳水化合物	**0.4** g
碳水化合物	**0.6** g
脂肪	**3.9** g
蛋白質	**1.2** g
膳食纖維	**0.2** g
熱量	**41.7** kcal

作法

1　取一小碗，放入奶油、花生醬，微波加熱軟化，再加入香草精攪拌均勻。

2　取另一小碗，混和粉類材料（杏仁粉、泡打粉、赤藻糖醇）。

3　取一容器，放入蛋黃，再加入步驟 1、2 材料，手捏混合後，以小火加熱或放入可加熱的器皿，微波 1 分 30 秒。

4　趁還沒完全冷卻，整塑成想要的形狀。

　　Tips1 剛加熱完是軟的，較易整形，待完全冷卻後就會變硬。

　　Tips2 完全放涼後若沒有變硬，可再放進微波爐或烤箱加熱。

成分檢視		適合飲食法		血糖測試 OK
無麩質	✔	低碳 / 低醣	✔	測試人：廖小白　職　業：護理師
無杏仁粉		生酮	✔	● 空腹狀態與食用 100g 偽金門花生貢糖一小時後的血糖值，相差 1 mg/dL，此個案測試結果血糖振盪幅度小。
無雞蛋		根治	✔	
無精緻糖	✔	低 GI	✔	● 此為個案血糖實測結果，數據僅供參考。

空腹血糖值 92mg/dL　　**食用後血糖值** 93mg/dL

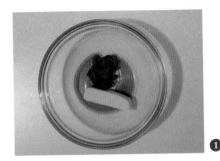

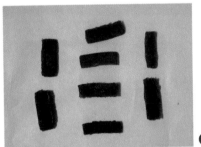

這樣吃最好吃

1. 完成後置於室溫 6 小時內的食用風味最好喔！

2. 成品無添加防腐劑，若吃不完建議放於密封袋再放入冰箱冷藏，約可保存 2 天，並盡快食用完畢。

3. 從冰箱取出時，置於室溫回溫即可食用，口感約可回復八成，不建議再進行加熱。

COLUMN

總克數	製作分量
375 g	*4* 杯

提拉米蘇

來一杯提拉米蘇,搭配上黑咖啡,享受身心靈的放鬆。這裡示範的是蛋糕版的提拉米蘇,也可換成塔皮版、餅乾版,如果沒有烤箱,也可以直接填入內餡,表面撒上無糖可可粉,享受簡單的美味。

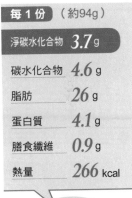

每 1 份	（約94g）
淨碳水化合物	*3.7* g
碳水化合物	*4.6* g
脂肪	*26* g
蛋白質	*4.1* g
膳食纖維	*0.9* g
熱量	*266* kcal

 材料

蛋糕體
- 奶油乳酪 … 40g
- 全蛋 … 1 顆
- 赤藻糖醇 … 5g
- 香草精 … 4.5g
- 椰子細粉 … 10g
- 鮮奶油 … 60g
- 現磨咖啡粉 … 2g

餡料
- 馬斯卡彭起司 … 160g
- 赤藻糖醇 … 25g
- 鮮奶油 … 60g
- 咖啡液 … 10ml
- 無糖可可粉 … 適量

成分檢視		適合飲食法		血糖測試 OK
無麩質	✓	低碳 / 低醣	✓	測試人:周紋菁 職　業:護理師
無杏仁粉	✓	生酮	✓	● 空腹狀態與食用 100g 提拉米蘇一小時後的血糖值,相差 12mg/dL,此個案測試結果血糖振盪幅度小。
無雞蛋		根治	✓	● 此為個案血糖實測結果,數據僅供參考。
無精緻糖	✓	低 GI	✓	空腹血糖值 114 mg/dL　食用後血糖值 102mg/dL

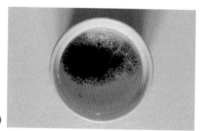

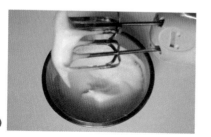

 作法

A **製作蛋糕體**

1 烤箱先以 150℃進行預熱。

2 將蛋黃與蛋白分開，奶油乳酪以隔水加熱方式或微波軟化。

3 將蛋黃加入軟化後的奶油乳酪中，攪拌均勻。

4 加入過篩後的椰子細粉，攪拌均勻備用。

5 將鮮奶油隔水加熱後倒入咖啡粉攪拌均勻。

6 將咖啡奶油倒入步驟 4 的乳酪糊內攪拌均勻。

7 打發蛋白。電動攪拌器先用低速打發至粗泡泡後加入糖，持續打發至硬性發泡，提起時蛋白末端呈尖狀。

8 將 1/3 的打發蛋白加入蛋黃糊裡切拌均勻，再將蛋黃糊倒入剩下的打發蛋白中。

9 在矽膠墊刷上一層奶油，再鋪上薄薄的一層麵糊。

10 放入烤箱烘烤 8 分鐘（這時可以準備內餡），或是稍微看一下底部是否變為金黃色，如變色即可出爐。

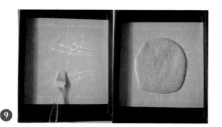

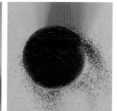

11 用圓形模壓出形狀。

12 製作內餡。取一鋼盆放入鮮奶油、赤藻糖醇，以電動攪拌器打發至倒扣也不會滴落的程度，加入馬斯卡彭乳酪攪拌均勻，裝入擠花袋中。

13 將圓形蛋糕放入咖啡液裡 2 秒鐘，再輕柔取出，鋪在杯子的底部。

14 擠入步驟 12 的內餡，重複步驟 13、14 一層蛋糕、一層內餡的動作，將杯子容器填滿。

15 擠上最後的提拉米蘇內餡，用刮刀將表面修飾平整，最後在表面撒上無糖可可粉。

Tips 表面可視個人喜好裝飾。

這樣吃最好吃

1. 製作完成 24 小時內的食用口感與風味最好喔！

2. 烘焙成品無添加防腐劑，若吃不完建議密封後再放入冰箱冷藏或冷凍，約可保存 2 天，並盡快食用完畢。

3. 從冰箱取出食用即可食用，不需要再度加熱。

COLUMN

總克數	製作分量
260 g	*2* 個

咖啡雙層奶酪

許多餐廳的飯後甜點都會附上冰涼的奶酪，滑順的口感可以為一餐帶來完美的句點。

 材料

咖啡層

鮮奶油 … 250g
現磨咖啡豆 … 3g
赤藻糖醇 … 25g
玫瑰鹽 … 少許
牛膠粉 … 3.5g

奶凍層

鮮奶油 … 80
赤藻糖醇 … 8g
玫瑰鹽 … 少許
牛明膠粉 … 1g
香草莢 … 1cm

每 1 份	（約 130g）
淨碳水化合物	**4.8** g
碳水化合物	**4.8** g
脂肪	**57** g
蛋白質	**3.5** g
膳食纖維	**0** g
熱量	**547.8** kcal

成分檢視		適合飲食法		血糖測試 OK
無麩質	✓	低碳 / 低醣	✓	測試人：謝旺穎 職　業：醫師
無杏仁粉	✓	生酮	✓	● 空腹狀態與食用 100g 咖啡雙層奶酪一小時後的血糖值，相差 18mg/dL，此個案測試結果血糖振盪幅度小。
無雞蛋	✓	根治	✓	● 此為個案血糖實測結果，數據僅供參考。
無精緻糖	✓	低 GI	✓	空腹血糖值 96mg/dL　食用後血糖值 114mg/dL

作法

A 製作咖啡層

1. 取一小碗,將 30g 的鮮奶油、3g 牛明膠粉攪拌均勻。

2. 取另一小碗,將 45g 的鮮奶油、現磨咖啡豆粉攪拌均勻。

3. 取一小鍋加入赤藻糖醇、玫瑰鹽、剩下的鮮奶油,用小火加熱至糖完全溶解再離火。

4. 加入步驟 1 的鮮奶油,攪拌至完全溶解。

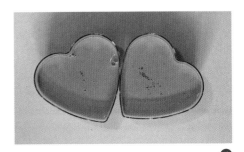

5. 倒入步驟 2 的咖啡牛奶攪拌均勻。

6. 將咖啡奶凍液以篩網過篩,倒入模型中,並放入冰箱冷藏 3 小時。

B 製作奶凍層

7 取一小碗，將 10g 鮮奶油、1g 牛明膠粉混合攪拌。

8 準備一個小鍋子倒入鮮奶油、赤藻糖醇、香草莢（需剪開將裡面的香草籽刮出，連同香草莢一同放入鍋中），直到赤藻糖完全溶解再離火。

   Tips 以小火加熱即可，不要到冒泡的程度。

9 將奶凍液以濾網過篩後，緩緩倒入已經冷藏 3 小時的咖啡凍上，再放入冰箱冷藏 3 小時後完成。

   Tips 一定要以篩網過篩，讓奶酪質地更為滑順。

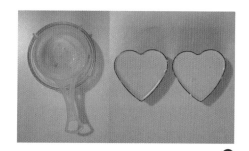

這樣吃最好吃

1. 冰藏過後的食用風味最好喔！
2. 成品無添加防腐劑，若吃不完建議放於密封袋再放入冰箱冷藏，約可保存 2 天，並盡快食用完畢。
3. 從冰箱取出後置於室溫回溫即可食用，無須再度加熱。

總克數
100 g

製作分量
2 杯

雙層蝶豆花晶凍

蝶豆花本身沒有特殊的味道，溶於水後會釋放出豐富的花青素，含有維生素 A、C、E，具抗氧化效果，營養價值高，不過因有收縮子宮的效果，因此孕婦禁止食用。這道晶凍不管視覺上、吃起來都沁涼消暑，很適合夏天喔！

每 1 杯 （約50g）	
淨碳水化合物	**0.2** g
碳水化合物	**0.2** g
脂肪	**0** g
蛋白質	**2.7** g
膳食纖維	**0** g
熱量	**11.3** kcal

材料

牛明膠粉 … 6g
赤藻醣醇 … 6g（也可以不加）
熱水 … 250g
檸檬汁 … 5g
蝶豆花 … 適量

成分檢視		適合飲食法		血糖測試 OK
無麩質	✓	低碳／低醣	✓	測試人：鍾珮秦　職　業：護理師
無杏仁粉	✓	生酮	✓	● 空腹狀態與食用 100g 蝶豆花晶凍一小時後的血糖值，相差 1 mg/dL，此個案測試結果血糖振盪幅度小。
無雞蛋	✓	根治	✓	● 此為個案血糖實測結果，數據僅供參考。
無精緻糖	✓	低 GI	✓	空腹血糖值 101mg/dL　食用後血糖值 102mg/dL

1   將 3g 的牛明膠粉、赤藻醣醇、適
    量蝶豆花混合攪拌。

    Tips 晶凍本身味道甜淡,可以視個人
         喜好加入赤藻糖水或鮮奶油喔!

2   將 125g 、80℃以上的熱水、5g 的
    檸檬汁加入至步驟 1 中,攪拌均勻。

3   以濾網過篩蝶豆花晶凍液後,放入
    冰箱冷藏 3 小時。

    Tips 也可不進行過篩,蝶豆花會沉在
         晶凍裡,呈現不同的樣貌。

4   等待冷藏 3 小時的同時,準備第二
    層原料。將 3g 的牛明膠粉、赤藻
    醣醇、適量蝶豆花混合攪拌。

5   將 125g 、80℃以上的熱水倒入攪
    拌均勻。

6   將晶凍液以濾網過篩後倒入冰箱的
    模型中,持續冷藏 3 小時即完成。

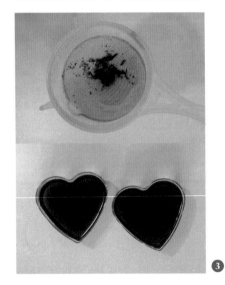

這樣吃最好吃

1. 冰藏過後的食用風味最好喔!

2. 成品無添加防腐劑,若吃不完建議放於密封袋再放入冰箱冷藏,約可保存 2
   天,並盡快食用完畢。

3. 從冰箱取出後置於室溫回溫即可食用,不建議再度加熱。

總克數	製作分量
225 g	**50** 顆（約一元硬幣大小）

湯圓

口感吃起來和一般湯圓接近，也可以發揮創意包入餡料，無澱粉的配方，讓人可以滿足又放心地喝上一碗熱呼呼的甜湯。成分裡含有易吸水的洋車前子粉，食用時需多補充水分，且需適量，不要一次吃太多顆喔！

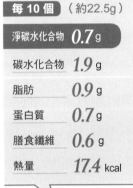

每 10 個	（約22.5g）
淨碳水化合物	**0.7** g
碳水化合物	**1.9** g
脂肪	**0.9** g
蛋白質	**0.7** g
膳食纖維	**0.6** g
熱量	**17.4** kcal

材料

原味（白色）
- 椰子細粉 … 5g
- 洋車前子粉 … 5g
- 赤藻糖醇 … 1g
- 溫水 … 35g

抹茶（綠色）
- 抹茶粉 … 5g
- 洋車前子粉 … 5g
- 赤藻糖醇 … 1g
- 溫水 … 35g

可可（咖啡色）
- 無糖可可粉 … 5g
- 洋車前子粉 … 5g
- 赤藻糖醇 … 1g
- 溫水 … 35g

亞麻仁籽粉（淡黃色）
- 黃金亞麻仁籽粉 … 5g
- 洋車前子粉 … 5g
- 赤藻糖醇 … 1g
- 溫水 … 35g

蝶豆花（藍色）
- 椰子細粉 … 5g
- 洋車前子粉 … 5g
- 赤藻糖醇 … 1g
- 溫水 … 35g
- 蝶豆花 … 少許

糖水
- 飲用水 … 250g
- 羅漢果糖 … 適量

成分檢視		適合飲食法		血糖測試 OK
無麩質	✔	低碳 / 低醣	✔	測試人：李佳欣　職　業：上班族
無杏仁粉	✔	生酮	✔	● 空腹狀態與食用 100g 湯圓一小時後的血糖值，相差 2 mg/dL，此個案測試結果血糖振盪幅度小。
無雞蛋	✔	根治	✔	● 此為個案血糖實測結果，數據僅供參考。
無精緻糖	✔	低 GI	✔	空腹血糖值 90mg/dL　食用後血糖值 92mg/dL

作法

1　準備一個容器，混和粉類材料（椰子細粉、洋車前子粉、赤藻糖醇）。

2　倒入溫水 35g，充分攪拌均勻，再用手搓揉成小圓形。

3　其他口味同樣依照步驟 1、2 製作。蝶豆花需先浸泡於溫水 5 分鐘，再過濾使用。

4　湯圓搓揉完成靜置 10 分鐘。再放入加了羅漢果糖的滾水中，以中火煮 20 秒即可撈起。

Tips1 甜湯湯底建議使用羅漢果糖，不管氣味、顏色（褐色）、甜度都和砂糖很接近。

Tips2 不建議煮太久，以免過於軟爛。

Tips3 做好後可以先放在盤子上冷凍，待表面都結冰後再分用密封裝分裝，較不會沾黏。

這樣吃最好吃

1. 成品無添加防腐劑，若吃不完建議放於密封袋再放入冰箱冷凍，約可保存 5 天，並盡快食用完畢。

2. 要吃時再從冰箱取出，以滾水煮 20 秒即可。

COLUMN

總克數	製作分量
265 g	*5* 個（愛心杯）

藍莓香草慕斯杯

這一道口感滑順的冰涼慕斯，沁涼消暑。加入
擁有維生素 A、C，營養豐富的藍莓，增添香氣
與風味。也可以選擇不加入牛明膠粉，製作完
成同樣需冷藏 3 小時，口感較佳。

材料

鮮奶油 … 200g
冷凍藍莓 … 25g
赤藻糖醇 … 15g
香草精 … 1/2 小匙
牛明膠粉 … 5g

水 … 20g
藍莓 … 15 顆
赤藻糖醇 … 適量

每 1 個 （約53g）	
淨碳水化合物	*2.1* g
碳水化合物	*2.3* g
脂肪	*13.9* g
蛋白質	*1.8* g
膳食纖維	*0.2* g
熱量	*141* kcal

成分檢視		適合飲食法		血糖測試 OK
無麩質	✔	低碳 / 低醣	✔	測試人：廖書嫻 職　業：中壢謝旺穎 　　　　親子診所執行長
無杏仁粉	✔	生酮	✔	● 空腹狀態與食用 100g 慕斯杯一小時後的血糖值，相差 5mg/dL，此個案測試結果血糖振盪幅度小。
無雞蛋	✔	根治	✔	
無精緻糖	✔	低 GI	✔	● 此為個案血糖實測結果，數據僅供參考。

FreeStyle Optium　97
FreeStyle Optium　92

空腹血糖值	食用後血糖值
97mg/dL	92mg/dL

1 準備一個小鍋子，放入藍莓、15g 赤藻糖醇以小火加熱一會兒，並一邊用刮刀稍微壓扁。

> Tips 加熱時溫度不要過高、時間不宜太久，高溫會讓藍莓變成灰色，色澤較不美觀。

2 取一小碗，將牛明膠粉浸泡在冷水中並攪拌均勻。

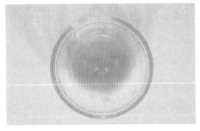

3 將一半的牛明膠液倒入藍莓鍋中，攪拌均勻。

4 取另一個小鍋子，倒入40g鮮奶油，以小火加熱，再倒入剩餘的牛明膠液，直到完全溶解。

5 取一鋼盆加入 160g 的鮮奶油、香草精。以電動攪拌器低速攪打 2 分鐘，再倒入步驟 4 的牛明膠鮮奶油，轉中速繼續打發 3 分鐘，打至末端呈尖挺狀。

6 將一半的打發鮮奶油加入步驟 3 的
藍莓醬中攪拌均勻，製作成藍莓慕
絲。

7 將藍莓慕斯倒入準備好的容器中，
再加入剩下的打發鮮奶油，並用刮
刀整理表面及邊緣。

8 在慕絲表面放上藍莓（也可撒上赤
藻糖粉），放入冰箱冷藏 3 小時即
完成。

> **Tips** 完成後至少要冷藏 3 小時，風味
> 較佳。

這樣吃最好吃

1. 完成後冷藏 3 小時再食用，風味較好喔！
2. 成品無添加防腐劑，若吃不完建議密封後再放入冰箱冷藏，約可保存 2 天，
   並盡快食用完畢。
3. 從冰箱取出時，置於室溫回溫即可食用，不需再進行加熱。

HealthTree　健康樹系列 111

護理師的無麵粉低醣烘焙廚房

作　　　者	郭錦珊
攝　　　影	王正毅
總 編 輯	何玉美
選 題 企 劃	紀欣怡
主　　　編	紀欣怡
封 面 設 計	江孟達
內 文 排 版	許貴華

出 版 發 行	采實文化事業股份有限公司
行 銷 企 劃	陳佩宜・黃于庭・馮羿勳・蔡雨庭・陳豫萱
業 務 發 行	張世明・林踏欣・林坤蓉・王貞玉・張惠屏
會 計 行 政	王雅蕙・李韶婉
法 律 顧 問	第一國際法律事務所　余淑杏律師
電 子 信 箱	acme@acmebook.com.tw
采 實 官 網	http://www.acmebook.com.tw
采 實 粉 絲 團	http://www.facebook.com/acmebook01

Ｉ Ｓ Ｂ Ｎ	978-957-8950-24-5
定　　　價	350 元
初 版 一 刷	2018 年 04 月
初版十二刷	2022 年 06 月
劃 撥 帳 號	50148859
劃 撥 戶 名	采實文化事業股份有限公司
	104 台北市中山區南京東路二段 95 號 9 樓
	電話：(02)2511-9798
	傳真：(02)2571-3298

國家圖書館出版品預行編目資料

護理師的無麵粉低醣烘焙廚房 / 郭錦珊作 . -- 初版 . -- 臺
北市：采實文化, 2018.04
　面；　公分 . -- (健康樹系列；111)
ISBN 978-957-8950-24-5(平裝)

1. 點心食譜

427.16　　　　　　　　　　　　　　　107002920